JN169569

安保法制の正体

「この道」で日本は平和になるのか

西日本新聞安保取材班 編

明石書店

はじめに

東京・永田町。夜の国会議事堂前を、人の波が埋めた。

２０１５年９月19日未明。「強行採決ゼッタイ反対」「９条壊すな！」などと書いたプラカードが揺れる。仕事帰りのスーツ姿、家族連れ、そして全国各地から続々と集まる若者たち……。安倍晋三首相が押し進めてきた安全保障関連法が参院本会議で成立した夜、国会周辺の歩道は身動きできないほどだった。参加者は主催者発表で４万人以上。警察関係者によると約１万１０００人。国会内で徹夜取材を続けていた西日本新聞東京支社の政治担当記者稲葉光昭は、少し開いた議事堂の窓から、デモをする人々の叫びを聞いた。「こんな時間に国会の中まで外の音が聞こえることはない。熱気が伝わってきた」と振り返る。

同じ夜、国会から約１０００キロ離れた福岡市・天神の繁華街でも、学生たちがマイクを握った。「安倍さんが（選挙に）勝ったからといって、好きなようにしてくださいと、言っているのではありません」。女子大生の叫びに、私は、かつて安倍首相の側近が漏らした言葉を思い起こした。

東京支社で政治担当だった13年10月のある夜のことだ。当時は、安全保障に関する機密を漏らした公務員などに厳罰を科す特定秘密保護法案が国会に提出され、反対の世論が高まっていた。深夜に帰宅した政府高官が、夜回り取材の番記者たちにこうつぶやいたのだ。「極端なことを言うと、われわれは選挙で『戦争したっていい』と信任されたわけだからね。安全保障の問題とか、時の政権にある程度任せてもらわないと前に進めない」。

彼の言葉が、首相の思いを代弁したものだったかどうかは分からない。ただ、体の芯の方から強い違和感がわき上がってきたことを覚えている。あれから2年――。彼の言葉を裏打ちするかのように、与党は審議を打ち切り、参院本会議で安保法案を採決。日本の安全保障政策を大転換する法律は、与野党のやじや怒鳴り声で騒然とする中で成立した。

◇　◇

西日本新聞は、安倍政権が２０１４年7月に政府の憲法解釈を見直し、集団的自衛権の限定容認を閣議決定した後、同年10月から長期シリーズ「戦後70年　安全保障を考える」をスタートさせた。与党協議による安保法案づくりや、戦後最長の通常国会で法案審議が進むのと同時並行で、翌15年9月まで連載企画を展開した。本書は、それを一部表現や構成を変えてまとめたものである。

安保法案の成立の先に、どんな事態が待ち受けているのか――。同じ敗戦国で日本より一足早く専守防衛の国是を見直したドイツや、イラク戦争の派兵後に報復テロの後遺症に苦しむスペイン、帰還兵の自殺が社会問題化する米国をルポした。そこで取材班が見たのは、平和貢献が目的のはずの部隊派遣で多くの犠牲を出したドイツや、終わりのない対テロ戦争の憎しみの連鎖に巻き込まれたスペインの現実だった。「日本の近未来」の姿が重なった。

中国や朝鮮半島をにらみ、九州など南西重視にシフトする自衛隊に迫った取材では、日米の軍事一体化が既に始まっていることを目の当たりにした。安倍首相は国会論戦で中東での戦闘参加を否定した。だが、中東を模した米国の砂漠地帯の演習場で、陸上自衛隊が米陸軍と共同で対テロ戦を想定したとみられる戦闘訓練をしていた事実も明らかになった。

軍事力を増強するだけで、国は安全になるのか。信頼や寛容の精神こそが、憎悪や敵視の感情を緩めるのではないのか――。その答えを求め、9・11後のアフガニスタン戦争の後もテロが頻発し、外務省が全土に「退避勧告」を出していたアフガンを訪問。現地で長年にわたって用水路建設に取り組む中村哲医師に密着取材した。平和は戦争ではつくれないこと、そして、非軍事の国際貢献に徹してきた日本の「戦後70年の歩み」が間違っていなかったことが再確認できた。また、国土の0・6%に在日米軍専用施設の約74%が集中する沖縄の基地問題を考えた取材では、沖縄と本土の溝の深さをあらためて思い知った。

国民には「知る権利」があり、報道機関には、手遅れになる前に「知らせる義務」がある。「安保」における調査報道」を目指して取材を始めた14年夏から1年間で、取材班が情報公開請求などで入手した文書は500枚を超えた。出張先は、私一人だけでも7カ国20都府県、計105日間に及んだ。

◇　◇

安全保障の現場を取材で歩く中で感じ、そして記事にした懸念や疑問は、安保法の成立後も全く色あせていない。いや高まる一方と言える。

基地負担を、本土が沖縄に押しつける構図は続き、その「亀裂」は深まるばかりだ。中国が領有権を主張し、米国などとの軍事的緊張が高まる南シナ海問題に、自衛隊の関与を模索する動きも見え隠れする。自衛隊がアフリカ・南スーダンで実施している国連平和維持活動（ＰＫＯ）の任務に、武装勢力に襲われた他国軍などを助けに行く「駆けつけ警護」を追加することも検討されている。

安全保障関連法の国会審議を通じ、世代を超えた反対の声がなぜ広がったのだろうか。安倍首相は「切れ目のない法整備」で抑止力が高まると強調する。だが、かつて首相側近が明かした通り、時の政権の判断に委ねられた部分が多く、「歯止めのない日米の軍事一体化」につながる懸念はぬぐえない。戦後日本は、戦争大国アメリカから戦列に加わるよう繰り返し求められても、「他国における武力行使」とは一線を引いてきた。アフガン戦争やイラク戦争でもぎりぎりのところで、何とか踏みとどまってきた。盾になったのが憲法9条だった。その盾が安保法を通じて、実質的に無力化したと言える。

安保法に基づき、自衛隊による米軍支援が地球規模に拡大したり、弾薬の提供や発進準備中の戦闘機への給油などを行ったりすれば、いくら「後方支援だ」「武力行使はしない」と強弁しても、「専守防衛の国」とは、もう言えないだろう。歯止めがなければ、合憲性もない。そんな、ないないづくしの安保法が、使われる日が、これから来るのだろうか。

「安保法に反対と言うけど、国民はすぐに忘れるよ」。首相周辺からは、そんな声も聞こえそうだ。それが現実にならないよう、私たちは新聞人として「知らせる義務」に汗をかき続けたいと思う。そして、本書が安全保障について考える際の一助になれば、何よりの喜びである。中村哲医師はこう語っている。「平和には戦争以上の力があり、平和には戦争以上の忍耐と努力が必要だ」。

なお文中に登場する人々の肩書き、年齢は新聞掲載時のままとした。

2015年12月

西日本新聞「戦後70年　安全保障を考える」取材班キャップ　坂本信博

安保法制の正体

目次

はじめに　3

第1章　若者が語る安保——沖縄から

第2章　積極的平和主義の先に——欧米諸国からの警告

第3章　国防を問う――変貌する自衛隊

第４章　基地、その足元で――迫る沖縄知事選

第5章　日米同盟を問う――11・16沖縄知事選

第6章　戦争報道と平和

第7章　中村哲がつくる平和――戦乱のアフガンから

第8章　安保法案、この道の先は

第1章　若者が語る安保
――沖縄から

２０１５年の新語・流行語大賞の候補にもなった「シールズ（ＳＥＡＬＤｓ）」。政治に無関心とされる若者たちが、国会周辺に集まり、ラップ調のリズムに乗せて「戦争法案、ゼッタイ反対」などと叫んだことは、２０１５年９月に成立した安全保障関連法への世間の注目度を引き上げた。

安全保障や米軍基地について、沖縄と本土の若い世代の意見を深く聞く目的で、２０１５年６月16～19日に「若者が語る安保――沖縄から」を掲載した。沖縄国際大の大学生２人と、九州大の大学生２人が、沖縄に集中する在日米軍基地問題や、国民の賛否が分かれる安保関連法について、どう考えるかを徹底討論した。

沖縄戦跡を巡る――ガマの遺骨に絶句、「リアルな死」と向き合う

2015年6月初め、沖縄県の戦跡や米軍基地を九州と沖縄の大学生4人と巡った。今も昔も、戦争と向き合うことを余儀なくされる沖縄で、将来を担う若者たちと、日本の安全保障について議論したかったからだ。米軍が「ありったけの地獄を集めた」と表現した太平洋戦争末期の沖縄戦。組織的戦闘は1945年6月に終わったが、戦後、強制接収された土地に造られた米軍基地の負担は続く。2泊3日の「安保を考える沖縄の旅」を報告する。

九州と沖縄の大学生が巡った戦跡、米軍基地

気温が30度近い外気と違い、ひんやりと湿った洞窟内。懐中電灯を消すと「闇の世界」になった。天井から落ちるしずくの音だけが聞こえる。6月2日、南城市の糸数アブチラガマ。ガマとは沖縄各地にある自然洞窟だ。「こんな中で最期を迎えなければならない人たちがいたのです」。ガイドの具志堅美千代さん(56)の声が闇に響いた。

1945年4月、米軍は沖縄本島中部に上陸した。「鉄の暴風」と呼ばれた圧倒的な火砲による攻撃を前に、日本軍は本土決戦に向けて時間を稼ぐ持久戦に出る。南部に逃れる日本兵と住民が混在する中で、被害が拡大。県民の4人に1人が死亡、犠牲者は日米で20万人(うち米軍1万2500人)を超えた。

同市によると、陸軍病院として使われた全長約270メートルのこのガ

マで、住民約200人と負傷兵約600人が生活。夜には外に出て食料を調達しながら、洞窟生活は長い人で約5カ月にも及んだ。病院が移転する際、動けない兵隊約150人には自決用の毒薬が渡され、洞窟に残された。うち生き延びたのは7人だけだったという。

漆黒の闇。だが、生存者は「見えていたら耐えられなかった」と話すという。すさまじい悪臭、麻酔もなしに手足を切断される負傷兵の悲鳴、ウジが傷口をかむ音……。九州大4年の冨田健司さん(22)は「何万人というデータでなく、一人一人の命が失われたことをリアルに感じました」。

今も、各地のガマには犠牲者の遺骨が多く残る。「えっ?」。歯が数本付いた顎の骨と、大腿骨(だいたい)の一部を見せられ、学生たちは絶句した。翌3日、糸満市の「白梅之塔」そばのガマ。遺骨収集を続ける国吉勇さん(76)=那覇市=が掘り出した人骨だ。

戦時中、国吉さんは祖母と母、兄、弟を米軍の砲撃やマラリアなどで失った。遺骨収集を始めたのは高校時代。手

国吉勇さん(左)と遺骨収集を体験する大学生たち(沖縄県糸満市の白梅之塔そばのガマ)

弁当で続けた約60年間で、見つけた遺骨は3000柱を超えるという。

「掘ってみるといいさ」。国吉さんに促され、学生たちも掘り始めた。眼鏡のフレーム、茶わんの破片、薬品容器……。遺品とみられる品が次々に見つかった。沖縄国際大4年の津覇実貴雄（つはみきお）さん（21）は「自分が当時ここにいて、家族が死ぬことを想像した。胸が苦しくなった」と声を絞り出した。

沖縄では、沖縄戦の組織的戦闘が終わったとされる6月23日は、戦没者を悼む「慰霊の日」だ。県によると、いまだガマなどに眠る遺骨は約3000柱。沖縄が初めての九州大4年、浜砂孝弘さん（21）は「沖縄の戦争は終わったと言えるんでしょうか」と自問した。

基地に頼らぬ沖縄へ——「高い依存」という誤解

沖縄県名護市辺野古。米軍基地キャンプ・シュワブのゲート前に2015年6月3日、新聞やテレビニュースでよく見る光景が広がっていた。米軍普天間飛行場（同県宜野湾市）の移設予定地だ。熱中症になりそうな暑さの中、移設反対を訴える約100人が座り込みを続けていた。年配者が目立つ。

「なぜ、こうまでして反対するんですか」。九州大の浜砂孝弘さんが日頃抱いている疑問をぶつけた。インターネット上では、反対派を「プロ市民」「反日」などと批判する書き込みも目立つ。実際はどうなのか——。彼らは丁寧に答えてくれた。「戦争でおじを失った。悲惨さを知る私たちが反対しなければ」「基地に苦しむのはわれわれの世代までにしたい」。1時間ほど話を聞いた浜砂さんは「病気を押してここに通うお年寄りもいた。反対運動の根幹に、戦争の記憶があることが分かった」と語った。

沖縄戦後、米国は27年間、沖縄を統治下に置いた。米軍は土地を奪い、「銃剣とブルドーザー」で家や畑を押しつぶして広大な基地を建設した。本土復帰から43年の今も、全国の米軍専用施設の74％が集中する。そして、多くの県民が反対する中での辺野古移設計画。15年4月、安倍晋三首相と会談した翁長雄志(おながたけし)知事は「こんな理不尽はない」と怒りをあらわにした。

辺野古海岸に下り、埋め立て予定地を見た。砂浜の先に青い海が広がり、波の音が聞こえる。「抑止力の観点から移設には賛成」と話していた九州大の冨田健司さんが「本当にこのまま移設していいのだろうか」とつぶやいた。

「基地の中に町がある」。夕方、極東最大といわれる米軍嘉手納飛行場がある同県嘉手納町。延々と続くフェンスを見て、九大生たちがあきれたように言った。約３７００メートルの滑走路を２本備える同飛行場など米軍基地は、町面積の82％を占める。

滞在中に訪ねた地元紙・沖縄タイムス。基地問題の取材経験が豊富な西江昭吾記者（40）は「基地は地域発展の阻害要因だ」と強調した。県によると、県経済に占める基地関連収入は約５％にすぎず、「返還後に商業施設などが進出した地域では、売り上げや雇用などで飛躍的な経済効果が上がっている」という。

だが、本土では「基地依存の島」の誤解は根強い。沖縄国際大の津覇実貴雄さんは本土を訪れる度「沖縄は本当は、基地がないと困るんでしょ」と言われるという。「話せば分かってもらえるけど……。腹は立ちますよね」と悔しそうな顔を見せた。

嘉手納飛行場の滑走路では、Ｆ15戦闘機が爆音をたてて離着陸を繰り返していた。ベトナムやアフガニスタン、イラクの戦地には、沖縄の基地から米兵たちが出撃していった。70年間、小さな島は、米軍の戦争を支える存在であり続けた。「ここで人殺しの訓練をして戦争に行くのなら、基地はあってほしくないです」。沖縄国際大３年の又吉麻菜美(まなみ)さん（20）の声が爆音で途切れがちに聞こえた。

米軍基地──見て感じて考えよう

２日間にわたる戦跡と米軍基地の見学後、西日本新聞は２０１５年６月４日、沖縄国際大学（沖縄県宜野湾市）で安全保障をテーマに、九州と沖縄の大学生４人による座談会を開いた。まず沖縄の米軍基地について話し合った（敬称略）。

◇　◇

記者　国土の０・６％しかない沖縄に、米軍専用施設の約74％が集中する現状をどう考えるか。

冨田　外交・安保に興味がある。沖縄は戦略上重要な位置にあるとされ、「太平洋の要石」と呼ばれてきた。日米安保条約に基づく沖縄の米軍は、日本だけでなく東アジア全体の安定に貢献していると思う。でも今回、沖縄タイムスの記者から、沖縄の米海兵隊は実際には国外で訓練することが多いと聞き、海兵隊の抑止力はそれほど大きくないのではと考え直した。抑止力というテーマは、確かな情報を基に検証していくべきだと思った。

浜砂　私も安保は関心があるテーマだ。中国が軍事力を増す中、沖縄の米軍基地は防波堤で、米軍普天間飛行場の名護市辺野古移設も必要だと考えていた。でも冨田さんと同様、海兵隊による抑止力には疑問を持った。辺野古移設は軽々に判断できないと考えが変わった。

又吉　米軍が沖縄から戦争に行くのなら基地はいらない。辺野古の基地建設も絶対反対。沖縄が初めて自らの意思で基地を受け入れることになってしまう。

津覇　米軍基地のある街で生まれ育った。大学のゼミで基地問題を学んでおり、基地がいつかなくなればいいと思うが、その姿が想像できない。

記者　基地があることで地元が潤うという意見もある。

冨田　米軍のゴルフ場跡地に建設された大型商業施設に行き、多くの客でにぎわうのを見た。アジアに近いということは、経済発展の可能性もあるということ。地元にとっては、基地を返還してもらい再開発した方がはるかにいい。

津覇　でも、給料が高い基地のアルバイトをしたい人は多い。基地従業員の先輩もいるが、基地に全面的に

戦跡や基地を巡り語り合った4人（左から）
▼又吉　麻菜美さん　那覇市生まれ。沖縄国際大法学部３年。沖縄と海外の若者をつなぐ交流事業の企画・運営などに取り組む。
▼津覇　実貴雄さん　沖縄県沖縄市生まれ。沖縄国際大法学部４年。基地問題のゼミで学ぶ。沖縄の伝統芸能エイサー団体に所属。
▼浜砂　孝弘さん　宮崎県国富町生まれ。九州大法学部４年。「戦後の日米関係や日本外交史などに関心があります」と語る。
▼冨田　健司さん　長崎市生まれ。九州大法学部４年。沖縄訪問は、中学３年時に長崎市が主催する平和事業で訪れて以来。

賛成かと言われると、そうじゃない。身近にあるからこそ簡単に白黒つけられないことも多い。

浜砂　沖縄の事情は本土では断片的に、単純化されて伝えられている。初めて訪れ、複雑な歴史や思いがあることを知った。

記者　本土は、沖縄の基地問題とどう向き合うべきだろう。

津覇　嘉手納飛行場の外周を歩き、あらためて異様な広さを実感したことがある。実際に沖縄で基地を見て、何かを感じてほしい。

冨田　基地は原発の問題と似ている。他人の痛みには無頓着なのに、自分が住む場所が重荷を背負うことには目の色を変えて反対する。このダブルスタンダードを、本土は自覚しなければならないと思った。

又吉　周りに基地がない本土の人が、人ごとと考えるのは仕方がないとも思う。九州の2人に沖縄の現状を見てもらってうれしかった。感じたことを本土のみんなに伝えてほしい。

記者から　国民はどう関わる

日常生活の中で考えることの少ない安全保障をめぐり、専門家から「違憲」の指摘も相次ぐ安全保障関連法案の国会審議が進む。国民はどう関われば良いのか。若者による座談会を企画したのは、安保や法案に対する若い世代の率直な声や疑問こそが、その答えを探るヒントになると思ったからだ。

人選には注力した。安保に全く関心がない人に議論を強いるのは無理があるし、専門的すぎても市民目線から離れてしまう。そこで、安保に詳しい九州大と沖縄国際大の教官に学生の紹介を依頼。安保や基地問題を学ぶ4人の議論は、期待以上に活発だった。

彼らとぜひ訪れたかったのが、米軍施設跡地に4月に開業した北中城(きたなかぐすくそん)村の大型商業施設だ。沖縄県によると、返還後に再開発が進んだ三つの跡地では、雇用者数が72倍に増えるなど経済効果が上がっているという。基地集中による沖縄のハンディキャップの重さを逆に実感した。(中原興平)

安保法案――難しすぎる国の説明

集団的自衛権の行使を容認し、日米の軍事一体化を深める安全保障関連法案の国会審議が進む。法案が成立すれば、安倍晋三首相が主張するように「日本の平和と安全」は本当に高まるのか。座談会中盤は、安保法案がテーマとなった。

◇ ◇

記者 共同通信の2015年5月末の世論調査では、8割以上が「政府は法案を十分に説明していると思わない」と回答した。

又吉 集団的自衛権や後方支援、抑止力……。出てくる言葉が難しすぎて理解できない。そもそも、この法案で、どんな危機に、どう対応しようとしているのかが具体的にイメージできない。安倍首相は「日本を取り巻く安全保障環境が悪化した」と言うが、危機感を持てない。本当にそうなら、もっと分かりやすく説明してほしい。

浜砂 専門家である大学の先生も「法案を理解するのに3日かかった」と言っていた。

冨田　国会審議を見ていると、担当大臣ですら法案をどの程度理解しているのか疑問だ。

記者　首相は、日米同盟の強化で、紛争を未然に防ぐ抑止力が高まると強調している。

冨田　どちらかといえば、法案を支持する。集団的自衛権の行使が可能になれば、日本の味方が増えて抑止力が高まる。しかし、それに伴い、日本が報復攻撃を受けるリスクがどの程度想定されるのか、などの具体的な説明がない。

浜砂　集団的自衛権によって対応できる安全保障問題は、冷戦期のような国と国の争いであれば効果があった。だが最近は自爆テロやサイバー攻撃など、抑止力が通用しない相手や攻撃も多い。法案が、国民にとって本当にメリットがあるのか分からない。

津覇　戦争をするかもしれないのに「平和安全法制」と名づけているのはおかしい。日本は戦争放棄を70年も守ってきた。その信念を貫いてほしい。

又吉　日本が戦争に加担しているように思われるから（戦闘中の他国軍に弾薬などを提供する）後方支援には反対だ。

記者　首相は「米国の戦争に巻き込まれることは絶対にない」と言うが。

冨田　米国の国益に基づく戦争なのか、人道的な介入なのかで、それに関わるべきかどうかの判断は変わると思う。どちらにせよリスクは高まる。

浜砂　イラク戦争では、米国が攻撃の「大義」とした大量破壊兵器は見つからなかった。日本はいち早く米国を支持したが、その判断が正しかったかどうかの検証は不十分だ。

記者　安保法案では国連平和維持活動（ＰＫＯ）や国際貢献のあり方も問われている。

津覇　戦争放棄を掲げる今の日本で十分。海外での医療活動など日本ができる支援はたくさんある。

浜砂　日本のＮＧＯが海外で比較的安全に活動できるのは、平和主義の国と思われているからだ。国柄を一変させる法案が通れば、それもできなくなるかもしれない。

記者から　今なぜ同盟強化か

記者6年目の私は沖縄県宜野湾市で生まれ育った。実家近くに米軍普天間飛行場がある。基地は当たり前の存在だった。２００4年8月、飛行場そばの沖縄国際大に米軍ヘリが墜落。「日米同盟の負担」を背負わされる故郷の現実に鈍感だった自分を恥じた。

その同盟を強化する安保法案を、なぜ今整備する必要があるのか。政府の説明を聞いてもうなずけない。一方で、紛争地における非軍事の人道支援には、参加すべきものもあると思う。参加すべき活動と、そうでないものをどう仕分けるのか。浜砂さんが指摘したように、民間人に多くの犠牲者を出したイラク戦争を日本政府は支持したが、大量破壊兵器は見つからなかった。「反省がなければ、人間は同じ過ちを繰り返す」と中京大の佐道明広教授は言う。法案の行方にかかわらず、自衛隊を海外派遣する以上、一定期間後の検証の仕組みは最低限必要だと思う。（大庭麻依子）

まず意思表示しよう

安全保障や在日米軍基地問題は、多くの若者や国民にとって関心が高いとは言えないテーマだ。身近な人と政治や社会問題の議論を深めるには、どうしたら良いのだろうか。平和な暮らしの基盤となる安保・外交政策への関わり方や、私たちができる社会貢献のあり方を議論した。

◇　◇

記者　安全保障や外交について、友人や家族と議論する機会はあるか。

浜砂　集団的自衛権について「他国の戦争に巻き込まれる」と反対の立場でインターネットの交流サイトに投稿したら、多くの感想が寄せられた。でも、日常の友人との会話でシビアな話ははばかられる。関心の程度や知識の量が違うと、議論をどう盛り上げたらいいか分からない。

津覇　自分は「集団的自衛権は必要ない」とネットに書き込んだ。するとネット上でたたかれ、年上の知人からは直接「偉そうに言うな」と批判された。以来、萎縮してしまった。

冨田　政治の話題はネット上や気軽な飲み会の場であっても〝どん引き〟されやすい。だから本土では沖縄の基地問題が話題にならないのだろう。

又吉　「自分は関係ない」と思ったり、「意見の衝突を避けたい」と考えたりしている若者が多い気がする。選挙でも、20代は突出して投票率が低い。

記者　一般の人に関心を持ってもらうにはどうしたら良いか。

冨田　安保や外交は生活に関わる問題としてイメージできないのだと思う。防衛費などに関する「国民の税金の使われ方」という視点から考えるのは、どうだろうか。

津覇　自分から意思表示をすることが大切だ。私は空手部の遠征で本土に行く時は、県外の学生と基地問題について話すようにしている。「沖縄は、基地があるから補助金がもらえて経済的に豊かなんでしょ」とか言われる。でも、真剣に説明すれば、誤解や思い込みが多いことを本土の人に理解してもらえる。

浜砂　安全保障問題は、国民の命に関わるテーマだ。政治を語ると「変なやつ」と思われるかもしれないけれど……自分が発信を続ければ、誰かが興味を持ってくれると思いたい。

記者　社会に対し、皆さんができることは。

冨田　私は国際的な視点を身に付けて、世界で起きている問題を分かりやすく、多面的に伝える人間になりたい。

津覇　沖縄エイサーを4年ほどやっている。東京で披露したこともある。伝統芸能を受け継ぎ、外国との文化交流に力を入れたい。そうした活動が、文化や歴史認識の壁を越えるきっかけになると考える。

浜砂　私は戦後の日本政治外交史などに興味があり、今後も政治を学びたい。日本ができる国際貢献とは何かを研究したい。

又吉　日本の若者が海外に飛び出せば、いろんな社会貢献ができる。日本は防災や文化発信の分野でも優れている。一人一人の小さな活動が積もれば世界を変えられると思う。

記者から　役割重いメディア

座談会は、米軍普天間飛行場が目の前に見える沖縄国際大で開いた。休憩中、大学の許可を得て学生たちと屋上に上り、飛行場を見下ろした。基地負担をめぐり、本土と沖縄の間で深まる溝――。オスプレイがごう音を立てて離着陸する様子を見た九州大の学生が「基地への沖縄の怒りを友達に伝えたい」と話したのに、少し救われた気がした。

学生たちがインターネットで政治に関する意見や情報を、積極的に発信している話は意外だった。総務省によると、2014年12月にあった衆院選の年代別投票率は20代が約33％と全年代平均の53％を大きく下回ったが、「若者イコール、政治に無関心」と決めつけてはいけないことを感じた。「違憲」の指摘も相次ぐ安全保障法案で揺れる戦後70年の日本。「自分が意思表示することで社会を変えたい」と大志を語った学生たち。新聞の存在意義も問われていると思った。（中原興平、大庭麻依子）

第2章　積極的平和主義の先に
――欧米諸国からの警告

「自衛隊は攻撃を受けない安全な場所で活動するから、リスクは高まらない」「日本がアメリカの戦争に巻き込まれることもない」。２０１５年９月に成立した安全保障関連法の国会審議で、安倍晋三首相はそう断言してきた。

安保法で可能になるのは、集団的自衛権の限定行使だけではない。米軍に対する自衛隊による弾薬補給や武器輸送などの後方支援を、地球規模で行うこともできるようになる。それでも、安倍首相は「専守防衛の基本方針に、いささかの変更もない」と主張し、「日米同盟が強化され、日本が攻撃される可能性は一層なくなる」と言い切る。

本当だろうか。自信たっぷりに首相にそう説明されれば、信用する国民は少なくないかもしれない。取材班は、法案成立後の「日本の近未来」を探るため、〝先進地〟を訪ねた。そこで見た現実を、「近未来からの警告――積極的平和主義の先に」のタイトルで２０１５年６月１～６日に掲載した。

「後方は安全」幻想――状況変化でいつでも戦場に（ドイツより）

治安維持任務の実態

2010年11月、アフガニスタン北部クンドゥズ州の荒野。ドイツ連邦軍の兵士たちが塹壕に身をかがめ、反政府勢力に機関銃を連射する。ドドッという銃声と怒号が飛び交う。「もっと左」「弾を補充しろ」「伏せろ」。タタタ。敵兵が放つカラシニコフ自動小銃の乾いた音が響く――。

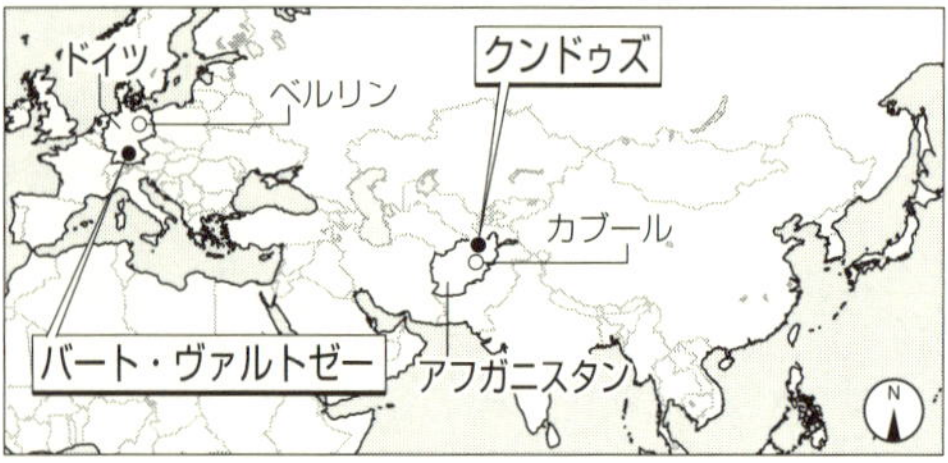

「これが僕が経験した治安維持任務です」。ドイツ南部の精神科医院の自室で15年5月、ドイツ軍のヨハネス・クレア先任兵長(29)が記者に動画を見せてくれた。空挺部隊に所属していた10年6月～11年1月、国連安全保障理事会決議に基づく国際治安支援部隊（ISAF）の一員として、アフガンに駐留した。

約150メートル先の林に潜む敵兵との銃撃戦が続く中、銃弾の補充役だったクレ

ドイツ
ベルリン
クンドゥズ
カブール
バート・ヴァルトゼー
アフガニスタン
N

アフガニスタン北部で撮影した戦闘現場の動画を見せるクレア先任兵長（ドイツ南部バート・ヴァルトゼー）

ア兵長がスマートフォンで撮影。この前後、数日間で仲間5人が負傷した。「平和貢献のために行ったのに、僕は戦場に立っていた」。

70年前、日本とともに敗戦国となったドイツは、大戦への反省から専守防衛に徹してきた。しかし、1990年代に憲法に当たる基本法の解釈を変更して、方針を転換。01年の米中枢同時テロ後、米軍などの攻撃でアフガンのタリバン政権が崩壊すると、民主化支援などを理由に米軍主体のISAFに参加した。

02～14年に最大5000人（特殊部隊除く）を派兵。武装勢力との戦闘には世論の反対が根強く、当初は比較的平穏なアフガン北部などで治安維持と復興支援に当たった。

クレア兵長の任務もパトロールや住民交流、地雷撤去など、戦闘に直接関わらない治安維持のはずだった。が、現実は違った。7カ月間で計20回も戦闘に巻き込まれ、第2次大戦後初めて本格的地上戦を経験したドイツ兵の一人となった。

日本で新たな安全保障法案が成立すれば、戦闘中の他国軍へのより軍事色の強い後方支援や、治安維持活動が可能になる。自衛隊の活動地域が「地球規模」に広がり、武器使用基準は緩和される。一足先を行くドイツのように、自衛隊員が戦闘に巻き込まれるリスクが高まらないのか。

安倍晋三首相は国会で、自衛隊による治安維持活動は「日本には、停戦合意などの参加5原則がある。ドイツとは違う」。後方支援については「攻撃を受けない安全な場所で活動する。自衛隊のリスクは高まらない」と説明したが、クレア兵長は「治安状況は刻々と変化する。安全地帯と危険地帯を線引きできるという考えは幻想だった」と振り返った。

アフガンでのドイツ軍の殉職者は事故死や自殺を含め55人。このうち国外派兵で過去2人だった戦死者は35人に上った。さらに、殺し殺される戦闘ストレスで帰還兵約1600人がトラウマ（心的外傷）を負ったと診断され、社会問題化した。クレア兵長もその一人だ。

多くの犠牲を払い、ISAFは14年末で戦闘任務を終えたが、現地の治安は悪化の一途だ。クレア兵長がつぶやいた。「僕らの任務ではアフガンを平和にできなかった。日本は別の方法を考えた方がいい」。

「戦友の命日」の入れ墨

「KIA　071010」（戦死　2010年10月7日）。アフガニスタンでのISAF任務から戻ったクレア兵長の左手首には、「戦友の命日」の入れ墨がある。

クレア兵長たちの派遣先は、米軍が反政府武装勢力の掃討作戦を展開するアフガン南部から800キロ以上離れた「後方地域」。戦死した戦友のフロリアン・パウリさん＝当時（26）＝は衛生兵で、アフガンの村人にも医療を提供していた。

その日、「治療を受けたい」と農民風の男がやってきた。パウリさんが通訳を呼ぼうとした瞬間、男が自爆し、彼を道連れにした。

こんな体験もした。友軍が攻撃を受けているという情報が入った。救援に向かう途中、クレア兵長の前を走る装甲車が道路に仕掛けられた爆弾で爆発。鋼鉄製のドアが吹き飛んだ。

帰国後、恐怖体験がよみがえるフラッシュバックや不眠に悩まされた。睡眠薬を飲んでも悪夢にうなされ、いらいらして外出もままならない。

友人は離れ、６年半交際した恋人にも「あなたは変わった」と告げられて別れた。軍を休職し、入院治療中だ。「誰が味方で、誰が敵かも分からない世界だった。心に穴があいたようで先のことは考えられない」。笑顔が寂しげだった。

国会審議が始まった安全保障法案では、自衛隊の海外活動は大幅に広がる。任務の必要性や安全確保などについて、派遣には国会の承認が必要となる。ドイツも、派遣地域などの決定には連邦議会の承認が必要とされた。議院内閣制の日本で、国会に政府のチェックが期待できるのか。

ドイツ連邦軍のアフガン派兵計画策定に携わり、２００９～13年に国外派兵司令部のトップを務めたライナー・グラーツ元中将（64）に、首都ベルリンで会うことができた。グラーツ氏は「反政府勢力は、われわれが安全な後方地域と思っていたところを、あえて狙ってテロを仕掛けてきた。安全地帯が突然、危険になるのが現代の対テロ戦争だ」と明言した。

アフガンでは06年以降、反政府勢力の攻勢で、ＩＳＡＦ派遣部隊が戦闘に巻き込まれるようになった。学校建設や

反政府勢力との戦闘中に休息するドイツ軍の兵士たち（アフガニスタン北部クンドゥズ州　ヨハネス・クレア氏撮影）

井戸掘り、治安維持などの当初任務に専念できなくなり、やがて米軍などと一緒に反政府勢力の掃討作戦を展開するまでになったという。クレア兵長が撮影した動画には、敵兵が潜む林を米軍機が空爆し、ドイツ軍の兵士たちが「米空軍最高！」と叫ぶ場面まで写っていた。

犠牲者は兵士だけではない。09年には、誤爆で多数のアフガン市民が死傷する事件が発覚。元軍幹部は「多くのドイツ国民は、軍がアフガンで人道支援をしていると思っていた。事件を機に派兵反対の声が急増した」と振り返る。

岐路に立つ日本に助言がほしい。グラーツ氏に求めると、少し考えて答えた。「ISAFのような任務に参加すれば、兵士が死傷したり、現地人を殺傷したりする可能性は十分ある。それは覚悟した方がいい」。

◇　◇

安保法案の成立の先に、どんな事態が待ち受けるのか。日本の「近未来」を体現する欧米から報告する。

テロの惨劇はある日突然に（スペインより）

「3・11」。日本では東日本大震災を意味するが、スペインでは違う。2004年3月11日に首都マドリード市で発生した列車同時爆破テロを指すという。死者191人、負傷者約2000人を出した欧州史上最悪の無差別テロは、都心のアトーチャ駅と郊外などを結ぶ4本の通勤列車で起きた。

その日の午前7時半すぎ。内務省職員だったエロイ・モランさん（66）がいつものように新聞を読み終え、電車を降りる準備をしようとした時、破裂音を聞いた。車内に仕掛けられた爆弾が爆発した瞬間だった。奇跡的に一命は取り留めたが、左目を失明、左耳もほぼ聴力を失った。

「誰でもそうだろうが、まさか自分がテロに巻き込まれるとは思っていなかった」とモランさん。事件から11年たつ今も、現場周辺はおろか、同じ路線の列車にも近づけないという。

安倍晋三首相が「テロには屈しない」と明言し、米軍支援を地球規模に広げる安全保障の法整備を進めている感想を聞いてみた。モランさんは「自国の安全だけを考えていては世界の平和は守れない」と評価し、こうも語った。「テロは最も起こりにくい場所で、最も心理的ダメージを与えられるところで起きる。例えば、それが日本になるかもしれない」。

事件の主犯格とされる容疑者たちが自爆死し、今も全容解明には至っていない。ただ、地元では、スペインが米英

テロの発生時と同じ平日朝のアトーチャ駅（スペイン・マドリード）

軍とともにイラク戦争に派兵したことに対するイスラム過激派の報復説が有力視されている。

当時、国民の9割超が「大義なき戦争」と言われたイラク戦争への参戦に反対していたという。ただ、参戦を決めた当時の親米政権は経済の立て直しを成し遂げて国民の支持を集め、与党が上下両院で単独過半数を確保していた。現地で30年以上暮らす翻訳業の渡辺美智子さん（56）は「安倍1強の今の日本とよく似ていました」と話す。

事件を機に「対テロ戦争が新たなテロを生んだ」という政権批判がスペイン国内で沸騰。テロの3日後にあった総選挙で政権交代が起き、新政権はイラクからの部隊撤退を決めた。

アトーチャ駅の中に、市民の追悼メッセージを刻んだガラスの慰霊塔がある。記者が訪れた15年5月上旬の週末も大勢の姿があった。家族3人で訪れていた警備会社経営ホセ・ガルシアさん（42）は「政治家の判断の代償を支払わされるのは、いつも平穏な日々を願う庶民だ」と、塔を見上げた。

その駅の向かいに立つ美術館に、ピカソの代表作があると聞いて、見たくなった。1937年、巨匠の祖国スペインで、ナチスドイツが起こした無差別テロへの憤りを、あえてモノクロで描いたとされる大作「ゲルニカ」だ。

壁一面に広がる作品の前で、10分近く立ち尽くしている男性がいた。フランスから来たシステムエンジニアのファブリセ・ビンセントさん（43）。「ここに描かれている惨劇は今も続いている。私の国でもテロがあったばかり」と語り、言葉を継いだ。「テロを力で封じ込めることはできない。背後にある貧困や教育格差をなくさなければ。日本はその分野の国際貢献が得意ですよね」。

帰還兵の戻らぬ心（米国より）

急増する心的外傷後ストレス障害

生ぬるい風が顔をなでる。その家の庭の高いポールに掲げられた星条旗が、ゆっくりと揺れていた。2015年5月、米国フロリダ州南部の町デイビー。2年前、愛国心に満ちた24歳の元海兵隊員が逝った夜のことを、旗も見ていたのだろうか。

13年1月12日夜、この家は立ち入り禁止のテープに囲まれていた。「お会いしたいでしょうが、今はおやめになった方が……」。緊急連絡を受け、外出先から帰宅したジャニーン・ルッツさん（53）は、警察官にそう告げられた。ベッド脇で倒れたままであろう長男ジャノスさん（愛称ジョニー）の遺体を、抱きしめたい気持ちをこらえなければならなかった。

精神安定剤などを大量服用しての自殺。パソコンに遺書が残っていた。「ママ、ごめんなさい。（でも）今は幸せです」と。

01年に起きた米中枢同時テロ。13歳だったジョニーさんは「将来、国のためにテロと戦う」と誓った。母の反対を押し切り18歳で海兵隊に入隊。イラク、アフガニスタンで戦った。だが09年12月に帰還した時、パーティーでいつも盛り上げ役だった、かつての面影はなかった。心的外傷後ストレス障害（PTSD）と診断された。

米国防総省に近いシンクタンク「ランド研究所」によると、01年から続く「テロとの戦い」でアフガン、イラクに派遣された200万人以上の米帰還兵のうち、約50万人がPTSDや、爆発などによる外傷性脳損傷で精神的な障害を負っているという。民間人の犠牲も多い、殺し、殺される戦場での過酷な経験が原因とみられている。

01年は153人だった現役兵の自殺も、両国での戦闘が激化した05年ごろから急増。12年に過去最悪の349人に上り、14年も268人だった。しかも退役兵の自殺者総数は不明。帰還兵全体の自殺者総数は、イラク、アフガンでの戦死者約6800人をも上回るとみる識者もいる。

ジョニーさんは10年にも自殺未遂を起こしていた。「元のジョニーに戻ってほしかった。その私の気持ちが彼のプレッシャーになっていたのかもしれない」。取材中、ジャニーンさんはそうつぶやき、自分を責めた。

戦場の記憶から命を絶つ

「アフガニスタンでの親友の死と生き残った罪悪感に苦しんでいたと同僚から聞きました」。自殺した元米海兵隊員ジョニーさんの母親ジャニーンさんはそう振り返った。

2009年7月2日、米軍はアフガン南部ヘルマンド州で武装勢力タリバンの掃討作戦を実施。ジョニーさんも海兵隊約4000人の一員として参加した戦いで、親友のチャールズ・シャープさんが首を撃たれ死亡。その夏、他に13人の大隊の仲間が戦死したという。

冬に帰還したジョニーさんは抜け殻のようだった。無表情、うつ状態……。すぐに怒りを爆発させ、ベッドでは悪夢に悩まされた。心的外傷後ストレス障害(PTSD)と診断され、グループセラピーや薬物治療を受けた。抗うつ剤や精神安定剤など一時は24種類もの薬を飲み、さまざまな副作用に襲われた。

11年秋に治療を理由に除隊し、自宅に戻った。「自分には生きる価値などない」と同僚には苦しみの理由を明かした。一方で、家族に戦場でのことを語ることはなかったという。

ある朝、一心不乱にシャワーで体を洗い始めた。「夢の中で自分の体が血と内臓にまみれていた」のだという。大量出血して死んだ親友が夢に現れたのかもしれなかった。壊れていく息子にどう向き合えば良いのか。母の苦悩も深かった。

厳しい訓練に、自殺防止効果がある——。かつて米軍はそう考えていたが、深刻な心のダメージは、精神力では防げなかった。オバマ政権は精神科医やカウンセラーを大幅に増やすなど現役、退役兵の自殺防止対策を近年、本格化させた。退役兵自殺防止法も15年成立。だが状況は改善せず、過剰投薬など課題も多い。

一方、15年4月に合意した新たな日米防衛協力指針で、安倍晋三首相は、自衛隊による米軍支援を「地球規模」に拡大した。自衛隊は、米国の戦争にどこまで関わることになるのか。

安全保障関連法案の国会審議。首相は他国領域での集団的自衛権の行使について「中東・ホルムズ海峡での機雷掃海以外は念頭にない」としつつ、「安保上の対応は事細かに事前に設定し、柔

居間に、ジョニーさんの遺影と遺灰が入ったつぼが置かれていた（米フロリダ州）

軟性を失うことは避けた方がいい」とも。含みを残す説明に、野党は「歯止めのない派遣拡大につながる」と警戒する。

ＰＴＳＤと闘う帰還兵と家族の支援団体を立ち上げたジャニーンさんが2人の元海兵隊員を紹介してくれた。

「子連れのイラク人女性が不審な動きをしたので、自爆テロだと確信した。銃の引き金を引こうとした瞬間、視界に邪魔が入り、動作を止めたら何も起きなかった。罪もない母親を子どもの目の前で殺していたかもしれない自分が、今も恐ろしい」とアンドリュー・カスバートさん（28）。

「仕事を代わってくれた同僚が地雷を踏んで片足を失った」とブライアン・ルポさん（31）。

帰還兵と、家族を苦しめ続ける「戦争の後遺症」。「私たちのために戦ってくれた苦しむ兵士たちを、今度は社会全体で支えていかないといけない」。一時は自殺も考えたジャニーンさんだが、息子の死を無駄にしないために心にそう決める。遺灰は今も自宅で大切に安置している。

監視社会――侵害される私的情報（米国より）

案の定、秘密裏に警察が動いていた――。米国の首都ワシントンを拠点に、低賃金で労働者を酷使する「ブラック企業」へ抗議活動を行う全米学生組織の幹部を務めていた大学院生ギャレット・シシド・ストレインさん（26）は2年前、不思議な体験をした。

開催が非公表の抗議活動が、なぜか突然現れた警察官に制止される例が相次いだ。「捜査員が潜入している」と、ある女性を名指しした情報が入ったのは2013年5月。情報漏れを確信し、不当な潜入捜査をやめるよう求めて提訴。警察側は女性が捜査員だと認め、学生組織を監視していた実態が明らかになった。

01年の米中枢同時テロ後、米国では「社会の安全確保」の大義の前に、人権やプライバシー保護が揺らいでいる。国防総省が反戦デモに参加した活動家らに関する情報を集め「言論、集会の自由を侵害している」として、06年には全米市民自由連合（ACLU）が、裁判を起こした。

ストレインさんは「今や当局は反体制的なあらゆる団体への監視を強めているようだ」と懸念する。

米中央情報局（CIA）元職員エドワード・スノーデン容疑者が13年に暴露した、国家安全保障局（NSA）による市民の通話履歴やインターネット情報の大量収集。ニューヨークの連邦高裁は15年5月、通話履歴の収集は根拠とされた愛国者法215条を逸脱し、違法と判断した。同条の規定は同年6月1日、失効した。

テロ対策を目的に01年に制定された愛国者法だが、起草に携わった連邦議会の議員たちでさえ想定外の拡大解釈を米政府は重ね、さまざまな個人情報を吸い上げるシステムをひそかに構築していたのだ。

「国民の個人情報を可能な限り集めたいと考えるのが政府の性分。ひとたびこの種の法律を手にすれば、いずれ一線を越える」。プライバシー保護運動を主導する米図書館協会ワシントン事務所のエミリー・シェケトフ所長（65）は言う。

バージニア州のアーリントン中央図書館。返却された本のバーコードを端末機にかざしながら、貸出担当のエミリー・アルマンドさん（29）は言った。「この時点で、誰が何の本を借りたかという記録は自動的に消えます。これなら外部から記録の提供を求められたとき、『残っていません』って断れるでしょ？」

冷戦時代から続く記録の提供を求める当局と、図書館との攻防。全米の大半の図書館は同種の電子システムを導入済みだという。ある人物がどんな本を借りたのか、共用パソコンで何を調べたのか。捜査当局にとって図書館は情報の宝庫。図書館側は、いかにして記録を残さないかに、知恵を絞っているという。

一方、日本では、国家機密を漏らした公務員らに厳罰を科す特定秘密保護法を14年に施行した安倍晋三政権は、米国との軍事的一体化を進める安全保障法案の成立を目指す。国民への情報提供を絞り込む一方で、米国の後を追うように、テロ警戒などを理由に市民に過剰に目を光らせる息苦しい社会が待っているのではないのか。

防ぐ手だてはあるのか。シェケトフさんの答えは明快だ。「政府がおかしなことをしていると感じたら声を上げる。一人一人の日本人が政府をしっかり監視する意識を持つことです」。

米国の図書館では個人情報をめぐる当局との攻防が続く（米バージニア州のアーリントン中央図書館）

アフガン派兵とその代償（ドイツより）

国外殉職兵の追悼施設

１９４５年、米英など連合国が日本に無条件降伏を求める共同宣言を出した、ドイツ北東部ポッダムの郊外に「追憶の森」がある。ドイツ連邦軍の国外殉職兵の追悼施設だ。週末には、遺族などが花を手向ける。

２０１５年５月、現地を訪れた。アフガニスタンでの国際治安支援部隊（ＩＳＡＦ）の活動中などに命を落とした兵士の名を刻んだ７基の慰霊碑が並ぶ。「絶対に忘れない。ママより」。木々に掲げられた追悼文の一つに、そうあった。

国会で審議中の安全保障法案が成立すれば、戦闘中の米軍への後方支援など、自衛隊の海外活動は大幅に広がる。近い将来、日本にも同様の施設が造られることにならないだろうか。

アフガンで殉職したドイツ兵は計55人。ターニャ・メンツさん（46）も当時22歳の長男を亡くした。11年2月、駐

「追悼の森」に立つ慰霊碑。殉職兵の氏名と任務が記されている（ドイツ・ボツダム）

屯地に侵入した男の銃弾に倒れた。

14年11月にあった追憶の森の落成式典。遺族代表のあいさつでターニャさんは大統領らに訴えた。「慰霊碑が増えないよう願います。それでも派兵が避けられないなら、任務の実態を隠さずに教えてください。正直でなければ、国民の理解と支持は得られません」。

高まる報復テロの危険性

アフガニスタンの民主化支援と自国の安全保障——。それが、ドイツが2002〜14年、中東に最大5000人（特殊部隊除く）を派兵した理由だ。あくまで治安維持と人道復興支援が任務だった。だが、03年6月、現地で活動中の部隊が自爆攻撃を受け、兵士4人が死亡し、29人が負傷。以後も、テロの標的となったり、戦闘に巻き込まれたりして命を落とす兵士が相次いだ。ところが国民にネガティブな情報はほとんど知らされなかった。

政府系のシンクタンク、ドイツ国際政治安全保障研究所（SWP）のフィリップ・ミュンヒ研究員（34）によると、国防省のウェブサイトでは、食糧配給や難民支援の実績を強調する一方、部隊の活動実態や被害は詳しく記載されなかった。当初は「戦死者」の存在も認めなかったという。

ミュンヒ氏は「国家の隠蔽(いんぺい)体質に加え、『戦争に巻き込まれたくない』と考えるドイツ国民を刺激するのを恐れて、政府は適切な情報開示をしなかった」と分析する。

アフガンから帰還した兵士たちが「戦争に行ってきた」と家族や友人たちに語っても、政府は「戦争ではない」と否定した。国防省が第2次大戦後長らくタブーだった「戦死」という表現を初めて使ったのは08年。現地が「戦争に近い状態」とようやく認めたのは、09年になってからという。派兵の犠牲者は、ドイツ兵だけではなかった。

09年9月4日の早朝。ドイツ連邦軍の国外派兵司令部の司令官だったライナー・グラーツ元中将（64）は、自宅で軍からの緊急の電話を受けた。「アフガン北部クンドゥズ州でタンクローリーが奪われた。武装勢力が集まり、現場指揮官の要請で空爆が行われた」。

だが、のちに「クンドゥズ事件」と呼ばれ、多数の地元市民を巻き込む誤爆だった。ISAFの任務が武装勢力との戦闘行為に及んでいることも明らかになり、国内世論が一気に「派兵反対」へと傾いたという。

ただ、ドイツ軍はアフガンから撤退しなかった。元軍幹部は「共同作戦を展開している同盟国との関係もあり、国内世論や現地情勢が変わったからといって、自軍だけ引き揚げるのは困難だ」と打ち明ける。

多くの代償を払って得られたものは何だったのか。

SWPのミュンヒ氏は15年4～5月に現地情勢の調査のためアフガンを再訪。ISAFの戦闘任務は14年末に終了したが、外交官や欧米から来た民間人がテロの標的になっており、治安が回復したとは言えない状況だったという。

「今回の派兵の最大の問題は、兵士自身が何のために戦っているのか理解できないまま命を落としたことだ」

一方、ドイツ国内は報復テロの脅威にさらされている。15年5月の自転車レース大会で、イスラム過激派組織の関与が疑われるテロ計画が発覚。大会は中止を余儀なくされるなど、テロ警戒で催しが中止になる事態が相次いでいる。

ミュンヒ氏は言う。「派兵が成功だったのか失敗だったのか、まだ結論は出せない。ただ、報復の連鎖を生み、ドイツがテロの標的となるリスクを高めたことは確かだ」。

誇るべきは日本の歩みでは（ドイツより）

負の歴史を街に刻む

ドイツの首都ベルリン。初夏の日差しに反射して、石畳の一部が鈍い金色の光を放っていた。近づいてみると、10センチ四方の金属板が埋め込まれ、こう文字が刻まれていた。「ここに住んでいたアリス・ローゼンバーグ（１９１１年生まれ）は42年にアウシュビッツ強制収容所に連行され、殺害された」。

ナチスの迫害によって、アリスという名の女性が31歳で命を奪われたことを、後世に伝えるメモリアル。隣に同じ姓のものがもう１枚あった。家族だろうか。

今回取材で訪れたドイツ各地の街角で、同じような金属板を見かけた。「つまずきの石」と呼ばれ、ドイツ国内を中心に約９０

金属板には犠牲者の名前や生年月日が刻印されている（ドイツ・ベルリン）

00個が設置されているという。

一方、ナチス結党の地である同国ミュンヘン市。ドイツが連合国側に降伏して70年になる2015年5月、ナチス本部跡地に公立のナチス歴史文書センターが開館した。選民思想やヒトラーの台頭をなぜ許してしまったのか。歴史文書を検証し、未来への教訓とするのが目的だ。

ドイツ国際政治安全保障研究所のアレクサンドラ・サカキ博士（36）は「フランスや英国などの周辺国に、再び軍事大国化する不安を抱かせないためにも、ドイツは自らの過去に向き合ってきました」と説明する。

彼女の専門は日本外交。九州大に留学経験があり、同月にも日独の安全保障政策の比較研究で訪日したばかりだ。国策を誤り、周辺国を戦禍に巻き込んだ歴史を持つドイツと日本――。日本の外交・安保政策の評価を聞くと、こう答えた。

「両国にとって、国外派兵と過去への反省は車の両輪であるべきです。自衛隊の海外活動を拡大する一方で、不都合な歴史を認めたがらない安倍晋三首相の姿勢は、周辺国との間に緊張を生みかねません」

「普通の国」になるということ

70年前、第2次大戦の敗戦国として再出発したドイツの歩みは、日本とよく似ている。

東西冷戦のさなか、自衛隊発足翌年の1955年に北大西洋条約機構（NATO）の一員として再軍備に踏み切った。ただ、憲法に当たる基本法はNATO域外への派兵を認めておらず、専守防衛に徹した。

転機は91年の湾岸戦争だった。日本と同じく多国籍軍に派兵しない代わりに、経済支援をした。70億ドル（日本は130億ドル）もの巨費を出したが、米紙などから「小切手外交」と批判された。当時のコール首相は「国際社会での責務を果たす」と宣言。基本法の解釈を変え、NATO域外に派兵する方針転換をした。

94年に憲法裁判所が域外派兵を合憲と判断。住民虐殺が行われたコソボ紛争時には戦後初の戦時派兵となる空爆に参加した。2001年にアフガニスタン派兵を決めた。戦後世代で初の首相となった当時のシュレーダー首相は「ドイツが『普通の国』に近づく歴史的決定だ」と強調した。

アレクサンドラ・サカキ博士は言う。「日本とドイツの共通点は『普通の国』になろうとしていること。異なるのは、過去との向き合い方です」。

大分県宇佐市出身で、ドイツ西部のデュッセルドルフでスーパーを営む濱永（はまなが）三喜男さん（63）は、ドイツで生まれ育った娘の小百合さん（22）の高校時代のカリキュラムを知って驚いた。歴史の科目で、1年間の半分近くがナチスのユダヤ人迫害や侵略の歴史についての授業だった。

学校によっては、社会科見学で強制収容所を訪れ、虐殺の現場となったガス室に閉じ込められる体験までするという。三喜男さんは「日本と違って、これでもかというほど戦前戦中の過ちを教える。それがドイツです」と語る。

日本で国会審議中の安全保障法案が成立すれば、自衛隊の海外派遣が広がる。反省が必要な過去は「遠い過去」だけではない。自衛隊に詳しい中京大の佐道明広教授（56）は「実力組織を海外に派遣するからには、国会の事前承認だけでなく、事後検証の仕組みが不可欠。派遣の是非を一定期間後に検証しなければ、間違った判断を繰り返すことになる」と指摘する。

ドイツ中西部の古都マインツ。この街で著名な女性の芸術家フィー・フレックさん（83）は今、無人機による中東での対テロ戦争を描いた全長15メートルの巨大画に挑んでいる。

ポーランド出身で、アンネ・フランクと同世代。彼女と同じく強制収容所に送られたが、奇跡的に生還し、反戦を訴える作品の制作を続けてきた。「絵を描くことで心の重荷を少しずつ降ろしてきました」。

今、フレックさんが住む建物も、かつて強制収容所で殺されたユダヤ人たちの家だった。玄関の案内板には住民35人が犠牲になった事実とともに、こんな言葉が記されている。「記憶し、警告し、行動せよ」。

フレックさんが制作中の絵を見せてくれた。中東の街が空爆で炎に包まれ、黒こげになった人々が描かれていた。「70年前、あなたの国でも空襲でたくさんの人が犠牲になったのよね」。そうつぶやいて、記者の目を見つめた。「日本が戦後、海外で一人も殺さず、殺されずにきたことを恥じる必要はありません。誇るべきなんです」。

中東での戦争を題材にした反戦画を制作中のフィー・フレックさん（ドイツ・マインツ）

第3章　国防を問う
――変貌する自衛隊

沖縄県の尖閣諸島をめぐり、軍事力を増強する中国と日本の対立が続く。核・ミサイル開発を進める北朝鮮の動きも不透明だ。極東ソ連軍が仮想敵だった冷戦期が終わり、自衛隊の部隊配備は、「南西重視」にシフトしている。西部方面普通科連隊（長崎県佐世保市）が主軸の「水陸機動団」の創設や、新型輸送機オスプレイの佐賀空港への配備も計画され、九州はその最前線と言える。

だが、変貌する自衛隊の実態は、国民からは見えにくい。いつまで続くか出口が分からない海外派遣、巨額投資でも効果が未知数の弾道ミサイル防衛（ＢＭＤ）、任務拡大で多忙化する海上自衛隊……。陸上自衛隊が中東での対テロ戦を想定したとみられる米軍との共同訓練を行っていた事実も分かった。紙面掲載は２０１５年２月３～13日。同年９月に成立した安全保障関連法によって、自衛隊の任務は一層、危険度や多忙さを増すことが予測される。米軍との一体化が加速し、国民からさらに見えにくくなることも懸念される。

陸自、砂漠の戦闘訓練

中東を想定、「本番」へ布石？

自衛隊が２０１４年１～２月、米国西部の砂漠地帯で、中東での対テロ戦争や多国籍軍の一員としての武力行使を想定したとみられる戦闘訓練を、米陸軍と共同で行っていたことが分かった。集団的自衛権の行使を限定容認した同年７月の閣議決定後も、安倍晋三首相が一貫して否定する中東での戦闘参加を連想させる。日本にはない砂漠での訓練が、国土を守る「専守防衛」の自衛隊になぜ必要なのか。「イスラム国」など過激派組織が勢力を強める中東・アフリカ地域で、米軍と肩を並べて戦う布石ではないのだろうか。

防衛省によると、全国の陸上自衛隊部隊が北富士演習場（山梨県）で実戦形式の訓練をする際、敵役を担う陸自富士学校の部隊訓練評価隊約１８０人が渡米。米カリフォルニア州モハーベ砂漠にある米陸軍戦闘訓練センター（ＮＴＣ）に、74式戦車や96式装輪装甲車を持ち込んで約１カ月間、米陸軍第１軍団の部隊と訓練をした。

軍事フォトジャーナリストで、この訓練を現地取材した菊池雅之氏によると、ＮＴＣはイラクやアフガニスタンなどでの戦闘を想定した巨大演習場。アラビア文字の交通標識やモスクもあり、中東風の集落が点在。訓練期間中は、ハリウッドの映画俳優組合のアラブ系俳優が住民に扮して生活し、民間軍事会社の戦闘員がテロリスト役を務めたという。

架空の国の間で紛争が起き、日米などの多国籍軍が平和維持活動をする設定。敵軍やテロリストの侵攻を制圧する内容で「陸自は後方支援ではなく、米軍と一緒に戦闘訓練をした。米軍と陸自の戦車が並走する場面もあった」と菊池氏。

レーザー光線で撃ち合って被弾判定できる装置を使い、戦車の中で寝泊まりするなど実戦さながらの訓練が約10日間続いた。陸自の装甲車がロケット弾で撃破されて乗員全員が「戦死」したり、陸自車両が地雷で「破壊」されたりする場面もあったという。

集団的自衛権の行使容認に伴い、自衛隊の海外活動が広がる見通しだが、安倍首相は14年10月の国会で「イラク戦争やアフガン戦争のような戦闘に参

不審者役の俳優を尋問する米兵の横を通過する陸上自衛隊の74式戦車（米カリフォルニア州米陸軍戦闘訓練センター　菊池雅之氏提供）

加することはない」。15年2月2日の参院予算委員会でも「日本が（イスラム国への）空爆などに参加することはあり得ない」と述べた。

ただ、離島侵攻など日本有事を想定した従来の日米共同訓練と、今回の訓練は全く異なる。目的は何か――。元防衛庁官房長の柳沢協二氏は「日本防衛の訓練でないことは明らか。自衛隊の活動拡大を目指す政治の動きを見て、自衛隊側が任務を先取りしたのだろう。政治が訓練をどこまで把握していたのか、実際にそんな任務を考えているのかが問題だ」と語った。

防衛省陸上幕僚監部は取材に「今回の訓練の想定については回答を控える。あくまで日米が共同作戦を実施する場合に備え、米軍との相互連携要領を演練（本番さながらの訓練）したものだ」と説明した。

米軍公式サイト「砂漠戦を指導」、陸自「並んで戦える」

この問題で、共同訓練をした米陸軍側が、公式サイトで「イラクとアフガニスタンに多くの派遣経験がある米軍部隊」が「砂漠での戦闘隊形や戦車演習について自衛隊を指導した」などと説明していることが分かった。国土を守る専守防衛の自衛隊が、中東を連想させる演習場で戦闘訓練をしたことに、識者からは疑問の声が出ている。

米陸軍の公式サイトには、陸自富士学校の部隊訓練評価隊が共同訓練をした米陸軍第1軍団第2歩兵師団第3ストライカー旅団戦闘団は「イラクとアフガンに多く展開され、次の歴史的な局面に備えている」と表記。M1戦車8両が陸自部隊の指導役を務めたという。

ＮＴＣは、対ゲリラや暴徒などの訓練機能を備え、陸自が利用するのは初めてと説明。訓練後、陸自幹部が「米陸軍との統合は印象的だった。われわれは同じ目的を達成するために米陸軍と並んで戦える」と述べたと記載している。

訓練を現地取材した菊池雅之氏によると、演習は、アトロピア国とドノービア国という架空の国同士の間で国境紛争が起き、日米などの有志国連合が平和維持活動としてドノービア国軍やテロリストを制圧するシナリオだと当時、米側から説明されたという。

防衛省陸上幕僚監部は取材に「米軍が共同訓練を受け入れてくれた演習場が砂漠地帯にあっただけ。中東での戦闘行動を念頭に置いたものではない」としている。

憲法に関する著作が多い伊藤真弁護士は、「自衛隊側が演習場を選んだわけではないと言っても、日本にない砂漠での戦闘訓練は憲法９条の下での専守防衛から逸脱するのは明らか。シナリオも、多くの国民が反対する集団的自衛権の行使が前提になっている。国会で安全保障法制をめぐる議論が続いており、政府は説明責任を果たす義務がある」と話す。

「戦地と同様」情報公開報告書で判明

陸上自衛隊が２０１４年、中東を模した米国の砂漠地帯の陸軍戦闘訓練センター（ＮＴＣ）で実施した日米共同訓練の中で、日米が友軍となって実戦形式で敵と戦う「対抗訓練」を「戦地と同様の規律」で行っていたことが、西日本新聞が情報公開請求した陸自の報告書で分かった。報告書は成果として「日米の絆の深化」などをうたっており、専門家は「第三国での戦時を想定した異例の訓練。安全保障関連法案の先取りだ」と指摘している。

報告書は陸上幕僚監部の教育訓練課が作成し、A4判26ページ。大半が黒塗りで開示された。報告書によると、米カリフォルニア州内のNTCは、約3500平方キロの広大な砂漠地帯に五つの射撃区域や15の市街地訓練施設がある。陸自富士学校の部隊訓練評価隊と米陸軍の第2師団第3ストライカー戦闘旅団が14年1～2月、計28日間の共同訓練をし、経費は約3億5000万円だった。

全期間を通し「戦地と同様の規律で実施」され、救護や射撃訓練のほか、9日間に及ぶ対抗訓練も行ったことを明記。「陸自部隊がアジアの国として初めて訓練に参加したことに対し、米陸軍も注目するとともに、韓国等の他のアジア諸国も関心を示しており、日米の絆の深化および戦略的メッセージ発信の観点から大きな成果あり」としている。

米戦闘モデルの反映を狙う？

NTCでの日米共同訓練に派遣された部隊訓練評価隊は、全国の陸自部隊が北富士演習場で実戦形式の対抗訓練をする際に敵役を担う。軍事評論家の前田哲男氏は「教育部隊である部隊訓練評価隊を派遣したのは、米軍が中東などで展開する最新の戦闘モデルを体験し、全国の陸自部隊の訓練に反映させる狙いではないか」と分析する。

共同訓練の目玉は、武力侵攻が発生した第三国の前線で日米が友軍として車列を組み、敵軍やテロリストと戦う対抗訓練だった。訓練のパートナーとなった米軍の旅団について、米陸軍の公式ウェブサイトは「イラクとアフガニスタンに多く展開され、次の歴史的な局面に備えている」と紹介、「砂漠での戦闘隊形や戦車演習について自衛隊を指導した」としている。

前田氏によると、陸自は例年、米ワシントン州のヤキマ演習場に長距離砲や戦車などを持ち込んで射撃訓練を実施しているが、今回のように、第三国での有事を想定した対抗訓練は異例。前田氏は「現行法では許されない活動を想定した訓練で、まさに新たな日米防衛協力指針（ガイドライン）や安保法案の先取りだ」と話している。

「旧式装備購入で米へ恩」――対中抑止力の強化狙う

米国の砂漠地帯で陸上自衛隊が２０１４年、米陸軍と対テロ戦争を想定したとみられる訓練をした演習場から南に約２５０キロ――。太平洋に面したカリフォルニア州キャンプ・ペンデルトンの米海兵隊基地で15年1月下旬から、陸自の精鋭部隊・西部方面普通科連隊（西普連、長崎県佐世保市）が、海兵隊の水陸両用車「ＡＡＶ７」を使う陸自史上初の訓練に挑んだ。

西普連は、米海兵隊をモデルに18年度までに九州に新設される、敵に奪われた離島の奪回や着上陸阻止の専門部隊「水陸機動団」の中核。ＡＡＶ７は、輸送艦から発進して船のように海上を進んで上陸する装甲車で、新型輸送機オスプレイとともに彼らの主要装備となる。防衛省は、14～18年度の中期防衛力整備計画の目玉として計52両、15年度だけで30両の導入を決めている。

米国からの購入価格は1両約6億円。共通装備の導入は、米軍と自衛隊の運用一体化の象徴でもあり、防衛省は「陸自の要求性能を満たす」と胸を張る。だが、実はその性能や必要性にいくつもの疑問符がつくことが明らかになった。

「1971年からAAVを使う海兵隊は『作戦面でも維持・整備の面でも限界が近づいている』と主張している」「機動性、乗員死亡率、防御力などに能力不足がある」。西日本新聞が入手した米連邦議会調査局の報告書（14年7月30日付）は、その問題点を列挙する。

米本土の海兵隊に取材すると、広報担当者が「能力不足への対処で392両を改良する」と教えてくれた。ただ「海兵隊の車両だけが対象」で陸自向け車両は含まれていないという。

陸自内にもAAV7への不満が渦巻く。（1）砂浜への上陸を想定した車両で、サンゴ礁や岩礁が多い日本の南西諸島には不向き、（2）水上航行速度が時速13キロと遅く、攻撃を受けやすい、（3）船酔いがひどく、上陸直後は戦えない、（4）海で使うたびに米国での分解整備が必要で、維持費が多額――。複数の幹部がそう証言した。

しかも、運搬用に輸送艦3隻を改修する必要があるが「作業完了は19年度」（防衛省）。AAV7を拠点の佐世保から離島近くにどう運ぶかについて、同省は「まだ検討中で結論が出ていない」として

陸上自衛隊が15年度だけで30両の導入を決めた米国製の水陸両用車AAV7（米カリフォルニア州のキャンプ・ペンデルトン）

いる。

それだけではない。元陸将の一人は〝そもそも論〟を口にした。「南西諸島には空港があり侵攻目標となる島だけで20もある。一度奪われたら、日本の軍事力で取り返すのは非現実的。侵攻させない態勢づくりにこそ注力すべきだ」。

では、なぜ問題がある装備を大量購入するのか。現職の陸自幹部は率直に語った。「米国をいかに巻き込むかが日本の防衛の鍵。オスプレイも含め、米国製装備を買って恩を売る。中国の脅威が高まる中で、米国をつなぎとめるための政治的な買い物だ」。

防衛省関係者は「課題があるのは確かだが、現時点で水陸両用車はＡＡＶ７しかない。これから日米で改善していけばいい。日米の緊密さを見せること自体が抑止力になる」と説明した。

「南西の守り」に急ごしらえの不安も

空飛ぶレーダーサイト

観光客でにぎわう那覇空港（那覇市）。離陸した航空自衛隊のＦ15戦闘機が、ごう音を響かせながら次々と西の空に消えていった。那覇空港の滑走路は、民間と自衛隊の共用なのだ。

この空自那覇基地に２０１４年４月、Ｅ２Ｃ早期警戒機部隊が青森県の三沢基地から遠路はるばる引っ越してきた。同機は、上部にある円盤状の回転式アンテナが特徴。「空飛ぶレーダーサイト」とも呼ばれる。

4機程度が配備され、運用する第603飛行隊が新設された。操縦士、整備士ら約60人も青森からの移転組が大半だ。隊長の村上政雄2等空佐(49)は「同行の家族の中には、沖縄に慣れるのに時間がかかった例もあった。家族同士の助け合いを奨励している」。

新設は、中国の動きをにらんだ「南西の防衛強化」の一つ。沖縄とその周辺には空自の地上レーダーサイトは四つあるが、12年12月に尖閣諸島付近を領空侵犯した中国機を探知できなかった。E2Cは、地上レーダーが捉えにくい低空飛行機の監視が得意。村上隊長は「死角が生じないよう努力している」と表情を引き締めた。

レーダーが捉えた、領空侵犯の恐れがある国籍不明機に実際に対応するのが、全国に12隊ある戦闘機部隊(計約260機)だ。このうち那覇基地には1隊を配備。約20機のF15と操縦士約40人が緊急発進(スクランブル)に備え、常時4機が待機する。

13年度の緊急発進は全国で810回。うち那覇基地が402回。「全国12分の1の那覇が半分を担った。那覇の操縦士は負荷が重い」と南西航空混成団司令部(那覇市)防衛部長の鮫島建一1等空佐(45)。

さらに那覇の相手は大半が中国機だ。14年5月と6月、東シナ海の公海上空で海上自衛隊機などに異常接近するなど「国際的慣例とは異

航空自衛隊那覇基地のE2C早期警戒機(那覇市)

なる行動もありえる」（鮫島部長）。その分、操縦士の緊張感は高い。「南西強化」で15年度中に戦闘機部隊が一つ加わるが、ハードさは続きそうだ。

一方、南西諸島で、海上自衛隊の「唯一の補給基地」がある沖縄基地（沖縄県うるま市）。基地内に、緑で覆われた小山が二つ並んで見える。艦船用の大型燃料タンクだ。09年、12年に2基が相次ぎ建設された。

13年には、食料保存用の冷蔵・冷凍コンテナ3個を設置。担当の補給科長は「コンテナ1個で、護衛艦1隻の乗員が10日間ほど食べられる食料が貯蔵できます」と説明した。

南西諸島の周辺海域で、活動を活発化させる中国海軍。その警戒監視に、海自の護衛艦が追われる。「ここの隊員は以前は比較的のんびりだったが今は違う。作業急増でストレスがたまっている」と基地隊司令の乾悦久1等海佐（50）は打ち明ける。

補給のために基地に入港する護衛艦は、08年頃に比べて約4倍に増えているという。入港船を桟橋に接岸する作業の効率化のため、初めて13年に大型えい船2隻が配備された。

「泥縄」にも見える急ごしらえの態勢整備には重い問題があるという。弾薬の保管施設がないのだ。補給基地には本来、燃料と食料に加え、弾薬の補給機能が求められる。乾司令は「有事を考えれば早急な整備が必要だ」と強調した。

東シナ海、中国機の活動活発化——緊急発進、10年で5倍超

日本領空を侵犯する恐れがある国籍不明機に対し、航空自衛隊の戦闘機による緊急発進（スクラン

ブル）が急増している。冷戦終結後は減少傾向で２００４年度には１４１回にまで減ったが、その後に増加に転じ、13年度は前年度比２４３回増の８１０回を数えた。中国機へのスクランブルが４１５回で全体の半分超。防衛省は、中国が領有権を主張する沖縄県の尖閣諸島がある東シナ海の上空で活動を活発化させているのが急増の主因としている。

防衛省によると、軍事力を増大させる中国は、東シナ海の海空域で活動を活発化。政府は13年末に閣議決定した防衛計画大綱で、核・ミサイル開発を進める北朝鮮と並び、力による現状変更の動きを強める中国の脅威を強調している。

同省の集計では、中国機へのスクランブルは、日本政府が12年9月に尖閣諸島を国有化して以降、

航空自衛隊の緊急発進回数の推移

(防衛省まとめ)
※14年度は4～12月まで。
( )は中国の数
(回)
1000
800
600
400
200
0
944
812
141
299
(38)
386
(96)
425
(156)
567
(306)
810
(415)
744
(371)
冷戦期のピーク
中 国
ロシア
その他
1984 89 2004 09 10 11 12 13 14(年度)

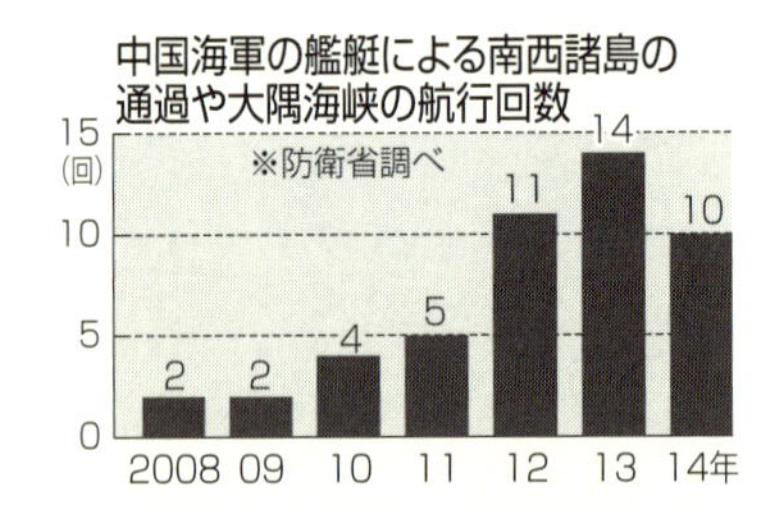

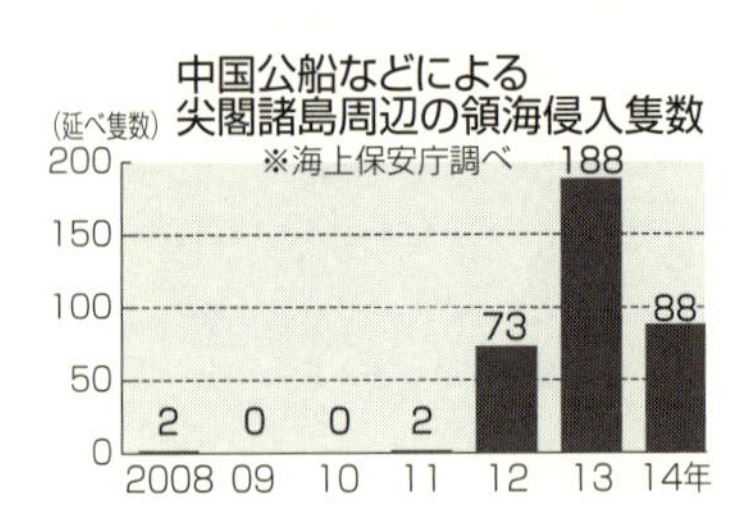

特に増加。13年度は前年度比109回増の415回、14年度も4~12月だけで371回（前年度同期比84回増）だった。戦闘機への対応が多いという。

中国は13年11月、尖閣諸島を含む海域上空に、日本の防空識別圏（スクランブルを有効に実施するための空域）と重なる形で独自の防空識別圏を設定。日中間の緊張が高まった。

空自のスクランブル機は、領空侵犯の恐れがある航空機に接近して状況を確認。領空侵犯が発生すれば、退去警告などを行う。

一方、東シナ海では、中国公船による尖閣諸島周辺での領海侵入が尖閣国有化後に頻発し、12年には前年の2隻から73隻に急増。14年も88隻に上り、海上保安庁の巡視船が退去要求を繰り返した。中国海軍の艦船による南西諸島通過も常態化しており、海上自衛隊が警戒監視を強めている。

海外派遣――見えぬ出口、増す危険度

「わが国の海上交通路を守る国益を担った任務だ。君たちが元気に戻ることを楽しみにしている」。海上自衛隊の大村航空基地（長崎県大村市）で2014年11月にあった、アフリカ・ソマリア沖の海賊対処に派遣される隊員の出発式。基地トップで第22航空群司令の西成人海将補（51）は、そう激励した。

派遣されたのは哨戒ヘリ搭乗員など14人。政府が2009年から海賊対処法などに基づいて取り組み、これが第20次隊だ。大村からは、これまでに延べ約180人が参加した。

九州から約9000キロ離れたソマリア沖アデン湾。西郷琢磨1等海尉(35)は14年9月までの半年、18次隊で活動した。海自の護衛艦からヘリで飛び立ち、約1000キロの海域を航行する船舶の中に不審な船がいないか上空から目を光らせる。

砂嵐で視界不良の日も多い過酷な任務。西郷1尉は「他国部隊と無線で情報交換するなど、貴重な経験ができた。不安はなかった」。西司令も「隊員の意識、技量などさまざまな面で派遣体制は確立されてきた。積極的平和主義の下、国際社会へのコミットは自然な流れだ」と強調。活動は7年目に入った。

現在活動中の自衛隊の海外任務がもう一つある。独立直後の南スーダンで12年から取り組む国連平和維持活動(PKO)だ。

大平智之1等陸尉(29)は陸上自衛隊飯塚駐屯地(福岡県飯塚市)の約30人と13年末までの約半年、同国の首都ジュバに派遣された。施設隊の小隊長として20~30代の若手を率い、気温50度にもなる炎天下、道路整備などに汗を流した。

自らも初の海外任務。隊として任務期間を全うできるよう気を配ったという。「現地の国造りのためでもあるが、日の丸を背負い日本のために活動した。派遣前は不安もあったが、危険を感じたことはなかった」と大平1尉。ただ不測の事態に備え、作業場には鉄帽や防弾チョッキを携行。夜間に宿営地近くで銃声を聞くこともあったという。

紛争地で活動する自衛隊のPKOでは、1992年の初参加から、武器使用基準が自己防護などに限られてきた。海外での武力行使を禁じる憲法の制約のためだ。これが14年7月の閣議決定で「駆け付け警護」や「治安維持など任務遂行」のための武器使用を認める方針が示された。法整備が進めばインフラ整備などが中心だった活動内容も、より危険度の高い任務に広がりそうだ。

現場はどう考えるのか。陸自幹部は「武器を使う可能性が間違いなく高まる。懸念は世論。国民の理解がなければ、いざという時に武器の使用をちゅうちょする恐れもある」と打ち明けた。

遠い異国で国際貢献に汗を流す自衛隊員たち。任務の「出口」は見えない。

ソマリア周辺での海賊事件は11年の237件から14年は11件に激減。だが、防衛省事態対処課は「各国の行動が抑止力として機能している結果だ。現時点では派遣をやめるという議論にはなっていない」。

一方、南スーダンでは13年12月、政府軍と反政府組織が衝突する事件が頻発。隊員の安全確保のため、自衛隊の活動を国連施設内に一時限定したが「現在の治安情勢は安定している」と同省国際協力課。15年2月末までとされている派遣期限について、近く延長を決定する見通しという。

弾道ミサイル防衛――巨額投資、効果は未知数

日本を襲うミサイルは飛来するのか――。日本海に展開するイージス護衛艦「こんごう」の乗員たちは、緊迫の日々が続いた。2013年4～6月、北朝鮮が弾道ミサイル（BM）を発射する可能性があるとして、防衛相がミサイルの破壊措置命令を出した。飛来すれば海上配備型の迎撃ミサイル（SM3）を発射する構えだった。

同艦は海上自衛隊佐世保基地（長崎県佐世保市）に所属。日本の弾道ミサイル防衛（ＢＭＤ）を受け持つ主力艦だ。ＢＭの飛来はなかったが、当時を知る海自関係者は「いつ終わるとも知れないハードな任務だった」と振り返る。

日本のＢＭＤシステムはイージス艦が上層での迎撃を試み、撃ち漏らせば地対空誘導弾パトリオット（ＰＡＣ３）が下層で対処する「二段構え」。ＰＡＣ３は移動可能な車載型で、航空自衛隊の高射隊が担う。

弾道ミサイルの発射を繰り返す北朝鮮。もし九州に飛来したら防げるのか。こんごうでＳＭ３の射撃管制を担当する調重政海曹長（45）は「弾道ミサイルの探知・追尾ができればほぼ１００％撃墜できる」。同艦が07年にハワイ沖で行った日本初の迎撃試験に参加し成功した経験がある。

ＰＡＣ３についても「射程範囲に収められれば撃墜できる可能性は高い」と、西部航空方面隊副司令官の田中幹士空将補（53）。ただし、どちらも迎撃成功には「発射の兆候」をつかむことが欠かせない。北朝鮮が発射したＢＭが北部九州に落下するまでの時間は「10分程度」（空自関係者）で、備える間もなく撃たれたら対応不能だからだ。

ＢＭＤ能力搭載のイージス艦は現在４隻。今後８隻に増強する。ＳＭ３の射程範囲は広く、海自

PAC3の発射機。BMDの最後のとりでを担う（福岡県久留米市の航空自衛隊高良台分屯基地）

関係者は「8隻なら日本の守りに穴がなくなる」とするが、「兆候をつかめずイージス艦が港で休んでいる時に撃たれたらアウト」と語る。

一方、PAC3を扱う高射隊は全国に14隊。うち九州には福岡県内に4隊。射程範囲は20キロほどとされ、南九州などが狙われる時は移動が必要だ。「準備時間が確保できなければ、対応が難しい場合もある」と田中空将補は言う。

迎撃の鍵を握る発射兆候の把握。BMDに詳しい自衛隊関係者は「早期警戒衛星を持つ米国と連携して発射場周辺の変化を探り、発射につながる対象国の軍事・政治情報の収集・分析に常時努めている」という。

だが簡単ではない。防衛省防衛研究所が14年春に公表した「東アジア戦略概観2014」は、移動式の発射台を使われれば「発射位置・タイミングなどの兆候を事前に察知することが困難」と記す。潜水艦発射型や何発も連続発射されれば、対処はさらに難しい。

BMDシステムの整備に04年度に乗り出して11年。米国から装置を買い、日米共同で技術研究に取り組んできた。14年度までに投入された関連費は当初予算ベースで1兆円を超えた。

15年1月下旬、日本との協力も視野に、欧州ミサイル防衛システムを構築中の北大西洋条約機構（NATO）の本部があるベルギー・ブリュッセルを訪ねた。取材に応じた担当者は「BMDは完全無欠ではなく、防衛策の一つ。政治的な抑止力などミサイルを撃たせない多角的アプローチこそ重要だ」と強調した。

募集施策――住基台帳使い大量ＤＭ

北九州市役所の区政事務センター。施設内の「住民基本台帳の閲覧室」に２０１４年５～６月、自衛隊福岡地方協力本部（福岡市）の職員２人が連日通い詰めた。

２台あるパソコンの前にほぼ朝から夕方近くまで陣取り、市民約98万人分が登録される台帳を画面上でめくる。15年春の高校卒業者に相当する「１９９６年４月２日～97年４月１日」生まれの男性を見つけると、住所、氏名、生年月日、性別を手書きで用紙に記入。その作業を続けた。

目的は、自衛官募集の適齢者の情報を得て、募集案内のダイレクトメール（ＤＭ）を送付することだった。13日間で書き写した人数は約４０００人。「ほかにも警察などが閲覧に来るが、長くても２日。これほど大がかりなのは自衛隊ぐらい」と北九州市職員は話す。

防衛省によると、こうしたＤＭを適齢者に送付する取り組みは、全国の自衛隊地方協力本部（北海道に４カ所、各都府県に１カ所）が実施。開始時期や送付総数、総費用は「分からない」とする一方、ＤＭ送付を「重要な仕事」と位置づけ継続する方針という。

同省は自衛官採用に当たっては学科や身体検査などの採用試験を実施。応募者が多いほど、より能力の高い人材を選べるため、応募者増につながるＤＭ送付は欠かせないという。

ただ、人材確保で競合する民間企業には、ＤＭ発送目的での台帳閲覧は認められていない。国民のプライバシー意識の高まりに伴って06年に住民基本台帳法が改正され、法律上不可能になったからだ。

自衛隊が認められているのは、同法11条の「国は、法令で定める事務の遂行に必要である場合には閲覧を市町村長に請求できる」が根拠。しかし、この問題を調査する阿部知子衆院議員（民主党）は「11条の乱用ではないか」と指摘。自衛隊のDM送付をこのまま容認していいのかどうか、議論が高まる可能性もありそうだ。

沖縄の地元FMラジオ局で、番組「SDF（自衛隊）アワー」が始まった。パーソナリティーもゲストもだいたい自衛隊員。話題も部隊のことなどで、自衛官募集の情報もしっかりと流す。金曜夜8時から約1時間の放送。沖縄の自衛隊4組織（陸、海、空と地方協力本部）が合同で番組枠を購入して実施している。

開始は13年5月。放送時間は当初は昼間だったが、14年4月から今の時間に変更した。パーソナリティーも務める航空自衛隊那覇基地渉外室長の三上秀市3等空佐（53）は「夜の方が自衛官募集の対象になる若者に聞いてもらえると考え、変更を求めた」と話す。

13年末に閣議決定された防衛計画大綱。自衛官の高齢化や若手不足を意識した取り組みとして、「社会の少子化・高学歴化に伴う募集環境の悪化を踏まえ、自衛隊が就職対象として広く意識されるよう多様な募集施策を推進する」ことなどを掲げている。

防衛省関係者は「財政事情が厳しく、（若手不足を一気に解消するような）大量採用は困難。だからこそ限られた採用枠に、より優秀な者を集められるよう、募集施策に力を入れている」と打ち明けた。

自衛官が〝高齢化〟——22年で4歳上昇、体力に懸念

国防や災害派遣を担う自衛官が高齢化している。平均年齢は、冷戦終結後の1991年度末に32・2歳（実数約24万300人）だったが、2013年度末は36歳（同約22万5700人）と22年で約4歳上昇した。防衛省によると（1）財政事情の厳しさから採用数を絞った、（2）自衛隊の精強さを保つために50代で定年退職する「若年定年制」を見直し、定年を延長した——ことなどが要因。若手が少ない年齢構造について、自衛隊の内外から部隊としての体力や士気の低下を懸念する声も聞かれる。

防衛省によると、自衛官の実数は13年度末現在、定員（約24万7200人）に達しておらず、充足率は91・3％。階級別に上から見ると、幹部「将官・佐官・尉官」（定員約4万5400人）は94・3％、「准尉・曹」（同約14万5700人）は97・6％。これに対し若手が担う「士」（同約5万6100人）は72・6％と、ぐっと低い。

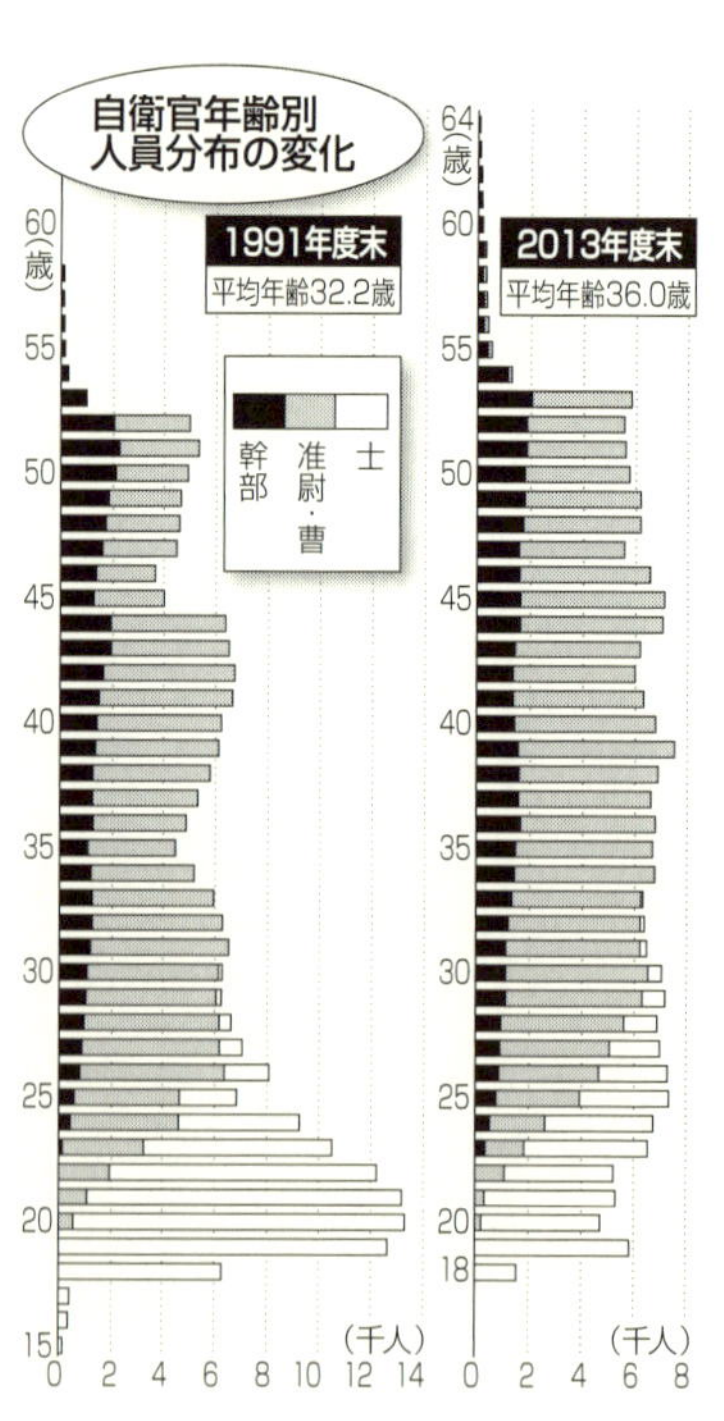

若手不足について、ある自衛官は「災害派遣で若手に担ってほしい任務を、高い年齢の者が担うこともあり、体力面や健康上のリスクが生じている」と語る。

採用者数は91年度は約2万3000人。その後はそれを上回ることはなく、最近は09～11年度1万人前後、12年度約1万5000人、13年度約1万4000人だった。

若年定年制の見直しは、「経験をより重視する」などとして93～96年に幅広い階級の定年を1歳延長。例えば佐官のうち1佐は56歳に、2佐と3佐は55歳にした。また、定年退職者を再任用する制度を01年度から導入。上限年齢は65歳で、約700人（13年度末）が利用している。

政府は、13年末に閣議決定した防衛計画大綱に「適正な階級構成および年齢構成を確保するための施策を実施する」と明記。若手不足については、中期防衛力整備計画（14～18年度）に「質の高い士を計画的に確保するための施策を推進する」と盛り込んでいる。

元防衛相で拓殖大の森本敏特任教授は、「任務の多様化や国際化、装備品の高度化で自衛官には専門性や熟練性が一層求められている。一方で武器の手入れや器材運搬、艦艇なら甲板やトイレの清掃など、基礎的な仕事もいろいろとある。そうした仕事を担うべき若手が不足し、階級が上がったベテランがやらされている。部隊の士気の高さを維持するのが難しくなっており、改善が必要だ」と話す。

緊迫の尖閣諸島周辺――海自の任務拡大、多忙化に拍車

2013年7月、中国共産党の機関紙、人民日報電子版の記事が海上自衛隊関係者の注目を集めた。

領海侵入を繰り返す中国公船と、海上保安庁の巡視船がにらみ合いを続ける東シナ海の尖閣諸島（沖縄県）周辺海域。中国海軍幹部が「公船に危険があれば、海軍が速やかに駆け付ける」と述べたと報じたのだ。

海上自衛隊の佐世保基地（長崎県佐世保市）は「緊迫の海」の最前線だ。だが担当警備区内にある尖閣諸島までは約1000キロ。これに対し、中国東海艦隊司令部のある寧波から尖閣は半分の約500キロしかない。危機の発生後に急行したのでは後れを取りかねない。

このため、海自は、米軍や航空自衛隊とも情報を共有しながら、中国艦船の動きを監視。そして相手が尖閣に迫れば、こちらも近づく。海保と中国公船の背後で、海自と中国艦船が互いに「後詰め」の態勢を敷いているのだ。

佐世保地方総監の池田徳宏海将（56）は「警戒監視は1年365日、間断なくやっている。法律に基づく命令が出て初めてわれわれに任務と権限が与えられるが、その前段の情勢把握に漏れがあってはいけない」と強調する。

出口の見えない尖閣をめぐる日中の対立。警戒監視には佐世保を母港とする護衛艦15隻だけでは足りず、全国から応援派遣された船も当たる。このため佐世保警備区内を行動した艦船数は13年度、3年前の2倍超に急増した。

それだけではない。佐世保地方隊は、燃料や食料の補給、船の修理などの後方支援を応援組の分を含めて担う。池田総監は「佐世保に加え沖縄の基地でも後方支援が非常に忙しくなっている。補給艦による洋上補給もある」と語る。

13年1月、海自の護衛艦に中国艦艇が射撃管制レーダーを照射した事件は、東シナ海での日中対立の危うさを鮮明にした。同年春には北朝鮮による弾道ミサイル発射の可能性が高まり、佐世保所属のイージス護衛艦など2隻が約60日間、日本海で監視を続けた。

当時、佐世保総監だった吉田正紀氏（57）は、護衛艦の隊員家族約３００人に手紙を出した。「国民を守るための任務です。ご主人は元気で頑張っていますのでご安心ください」。最後に「困ったことがあれば相談を」と書き添え、基地内にある家族支援センターの連絡先を記した。

「いつ出港するか、いつ戻れるか分からない任務が増えている。家族にとってはつらい。それを支え、隊員に後顧の憂いなく仕事をしてもらうことも、私の務めだった」と振り返る。

多忙化する任務――。さらに海自は10年を超えて海外派遣とも向き合う。テロ対策特措法などに基づくインド洋での米艦船などへの給油（01～10年）と、09年から続くアフリカ・アデン湾での海賊対処だ。安倍晋三首相は期間限定の特措法ではなく、恒久法による海外派遣の拡大を目指す。

現場はどう考えるか。池田総監は「活躍できる場がどこでも、政府の命令で任務を果たすことがわれわれの役割。隊員にもその意識が浸透してきている」。これに対し、防衛問題に詳しい中京大の佐道明広教授は「組織が縮小する中、任務拡大には限界がある。国防がおろそかにならないよう、優先すべき自衛隊の役割を再検証すべきだ」と指摘した。

政府の隠蔽体質——海外派遣の見えない実態

「週間空輸実績報告」と題したA4判の紙は、大半が黒く塗りつぶされていた。

「自衛隊が隠したい、都合の悪いことが書いてあると分かった」。名古屋市の川口創（はじめ）弁護士（42）は振り返る。2004年2月、「自衛隊のイラク派遣は憲法違反だ」として名古屋地裁に派遣差し止めを求めた訴訟の弁護団事務局長だ。

政府は04年1月、イラク戦争で疲弊した現地の人道復興支援を理由に同国南部のサマワに陸上自衛隊を派遣。06年に陸自が撤収した後も、航空自衛隊の派遣を続けた。当時の額賀福志郎防衛庁長官は国会などで「国連物資等を空輸するため」と説明していた。

しかし、実態は違った。米軍のホームページで、自衛隊機が米兵を輸送していることが判明。しかも目的地は当時、米軍が武装勢力の掃討作戦を展開していた首都バグダッドだった。自衛隊機を降りた米兵が、そのまま掃討作戦に参加した可能性が強く疑われた。川口さんたちは、詳細な空輸実績の情報開示を自衛隊側に請求。出てきた資料が黒塗りだったのだ。

風穴をあけたのは07年7月の中日新聞のスクープだった。「米兵中心　1万人空輸」「バグダッド上空で携帯ミサイルに狙われていることを示す警報音が鳴り響いている」。空自機が運んだ武装米兵は国連関係者の約10倍で「人道復興支援が中心」という政府説明と矛盾する事実を暴露した。

この記事は川口さんたちの訴訟でも証拠採用され、名古屋高裁は08年4月、自衛隊の空輸活動については「武力行使と一体化しており違憲だ」との判断を示した。ただ、派遣差し止めは棄却され、判決は確定。政府は同年12月まで空自の派遣を続けた。

川口さんは、自衛隊の作戦の全てを開示すればテロの危険が高まるという主張には一定の理解を示す。しかし、今回の情報開示のあり方には強い懸念を持つ。「憲法違反かどうかが問われる活動内容なのに、情報を黒塗りにし、主権者がチェックできない状況にするのは立憲主義の国家として到底認められない」。

米英がイラク攻撃の大義とした大量破壊兵器は見つからず、両国首脳は情報が誤りだったことを共に認めた。一方、開戦支持を早々に表明した日本政府は是非の検証もしないままだ。

外交・防衛の実態をますます見えにくくする恐れが強いのが、14年12月施行の特定秘密保護法だ。「安全保障上重大な危機にある時、国民に情報が伏せられ、国の方針について議論や判断ができる情報が与えられなければ、(第2次大戦中の)大本営発表の再来になる」。13年11月、国会での法案審議でそう指摘する与党議員と防衛省幹部の間で、こんな応酬があった。

橋本岳衆院議員(自民)「沖縄県・尖閣諸島に武装勢力が上陸したり、戦闘行為が生じたりした場合、情勢や自衛隊配置、損害状況は特定秘密か」

防衛省幹部「一般論だが、該当する可能性はある」

恒久法により、自衛隊の海外活動の拡大を目指す安倍晋三首相。安全保障上、すぐには公表できない情報があるのはやむを得ないだろう。ただし、イラク戦争の時のように、秘密法が派遣先での自衛隊の「不都合な事実」を隠す政府の隠蔽(いんぺい)体質を増幅させることがあってはならない。

陸自配備に揺れる島――沖縄戦の教訓と住民保護

台湾まで111キロ。沖縄県・与那国島（与那国町）の岬に立つ「日本最西端の碑」には、日本やアジアの都市までの距離が刻まれていた。台湾の山並みが見える日もあるという。

岬から車で数分の場所で重機が造成工事を行っていた。陸上自衛隊沿岸監視部隊の駐屯地の予定地だ。与那国防衛協会の金城信浩会長（71）は「中国の侵攻は十二分にあり得る。国境の島に、防衛力は必要だ」と訴えた。

軍事力を増強する中国に対し、最前線の南西諸島には、沖縄本島より西に陸自部隊はいない。陸自配備は「南西の防衛強化」の一環。2015年度末から、レーダーで付近を通る艦船や航空機を監視する役割を担う計画だ。

島の活性化への期待も強い。終戦直後に約1万2000人とされた人口は減少の一途で、今は約1500人。町は「約150人の部隊の移住が税収増や消費拡大につながる」と見込む。

だが、反対も少なくない。懸念するのは駐屯地が敵の攻撃目標になることだ。島で最も高い山の頂には太平洋戦争中、旧日本軍の見張り所があった。町史によると、日本兵15人が配備されて偽装砲台も据えられ、米軍の空襲の的となった。

「何もない所に弾を撃ちますか。軍がいるから狙われる」。地元の牧野トヨ子さん（91）は言い切る。

戦時中、空襲を避けるため、乳飲み子を背負って洞窟に身を隠した。マラリアなどで多くの島民が亡くなった。日本兵の助けはなかったという。

　約510キロ離れた沖縄本島は、太平洋戦争で国内唯一の地上戦の舞台になった。米軍の火力に圧倒されて日本軍は島南部に敗走。軍と避難住民が混在する中で悲劇が起きた。沖縄史に詳しい沖縄大客員教授の新城俊昭氏（64）は「住民は日本兵から食料を奪われたり、スパイ行為を疑われて殺されたりした。軍隊が守るのは国家で住民ではない。沖縄戦の教訓だ」と話す。

　自衛隊は有事に住民を守れるのか。戦術研究を担う陸自富士学校の関係者らがつくるサークルの機関誌に12年、「離島の作戦における普通科の戦い方について」と題する論文が載った。与那国島などの防衛を「事前配置の部隊のみでは敵の侵攻撃破は困難。逆上陸による増援か奪回作戦が必要となる」と分析。住民保護の記述は見当たらない。

アジアに近接する南西諸島
福岡
上海
東シナ海
鹿児島
中国
奄美大島
尖閣諸島
那覇
台湾
宮古島
与那国島
石垣島
N

　ある陸自幹部は「基地が攻撃対象になるのは当然。一番やっかいなのは住民避難だが、そんな話をすれば駐屯地の新設に支障をきたす」。防衛問題に詳しい中京大の佐道明広教授も「自衛

島のあちこちで、陸自配備に対する賛否の横断幕を見かけた（沖縄県与那国町）

隊は外敵対処が第一の任務。戦闘の最中に住民避難に回す余力はないだろう」と指摘する。

国民保護法は「(有事における)避難住民の誘導は市町村の役割」とするが、同法に基づく基本指針が市町村に求める避難誘導マニュアルを、与那国町は未作成だ。町幹部は「こんな小さな島で有事に避難誘導するのは無理」と語る。

町では15年2月22日、陸自配備の是非を問う住民投票が行われ、配備賛成が632票で反対の445票を上回った。

ミサイルやテロに備える「避難誘導マニュアル」

市町村「想定難しい」——有事マニュアル作成4割

弾道ミサイルやゲリラによる攻撃など有事に備えた住民の「避難誘導マニュアル」を作成している市町村が、全国でも、九州でも全体の約4割にとどまっていることが総務省消防庁への取材で分かった。国民保護法は武力攻撃などを受けた際、市町村が避難住民を誘導しなければならないと定め、「努力規定」として、あらかじめ同マニュアルを作成しておくよう求めている。テロの脅威が国際的に高まり、北朝鮮や中国が軍事力を増強する中、住民保護の取り組みに遅れが生じている形だ。

有事法制の一つとして2004年に施行された同法では、武力攻撃事態など有事の際は、国が住民避難の対象地域や避難先など対応概要を示し、都道府県が避難を指示。これを受けて市町村が、避難する施設や輸送手段、経路などを定めた「避難実施要領」を作成し、住民を誘導する仕組み。

ただ、事態発生後に要領を一から作るのでは時間がかかり避難が遅れる。このため国は、同法に基づく基本指針で、要領の原案である避難誘導マニュアル（避難実施要領のパターン）を、ミサイル攻撃や着上陸侵攻など事態の類型に応じ、あらかじめ「複数」作るよう要請。マニュアルは、市町村が人口や地理的条件を踏まえて事態を想定し、発生から避難完了までの市町村の役割や住民避難の流れを示すのが一般的だ。

同庁や九州7県によると、マニュアルを作成済みなのは14年4月現在、全国1741市区町村のうち38％の656。九州でも233市町村の41％に当たる95にとどまった。

同庁は11年に作成の手順や要点をまとめた「手引」を示すなどして呼び掛けてきたが、「人手不足」や「事態の想定が困難」などを理由に未作成の市町村が多いという。マニュアル作成は法的には義務ではなく「努力規定」だが、同庁は「迅速な避難のためには必要。引き続き作成を働き掛けていく」としている。

岩手大地域防災研究センターの越野修三教授（防災・危機管理）は、「マニュアルがなければ円滑に

ワードBOX　国民保護法

武力攻撃などを受けた際、国民の生命や財産を守るための国や地方自治体の責務や手続きを定めた法律。住民の避難や救援のために土地や家屋を使用するなど私権の制限も盛り込む。法に基づく基本指針は、「武力攻撃事態」の類型として、（1）着上陸侵攻、（2）弾道ミサイル攻撃、（3）ゲリラ・特殊部隊による攻撃、（4）航空攻撃——を想定。武力攻撃に準ずる「緊急対処事態」として、原発破壊やサリンの大量散布などのテロを挙げている。

避難誘導マニュアル作成済みの九州の市町村

（2014年4月現在、各県調べ）

	作成済み	作成中
福　岡	福岡市、北九州市、久留米市、直方市、飯塚市、田川市、大川市、小郡市、春日市、大野城市、古賀市、うきは市、那珂川町、新宮町、遠賀町、鞍手町、岡垣町	中間市
佐　賀	唐津市、鳥栖市、伊万里市、鹿島市、小城市、嬉野市、神埼市、吉野ケ里町、基山町、みやき町、有田町、白石町	
長　崎	佐世保市、島原市、諫早市、大村市、平戸市、対馬市、壱岐市、雲仙市、南島原市、波佐見町、小値賀町	松浦市、西海市
熊　本	熊本市、八代市、水俣市、産山村、嘉島町、益城町、錦町、あさぎり町、宇城市、天草市、苓北町	
大　分	大分市、中津市、佐伯市、豊後高田市、宇佐市、豊後大野市、由布市、九重町	臼杵市
宮　崎	全市町村	
鹿児島	鹿児島市、鹿屋市、阿久根市、垂水市、薩摩川内市、霧島市、奄美市、姶良市、大崎町、肝付町	志布志市、喜界町

避難できない恐れもあり、全市町村に必要。実際に作る作業自体が課題の洗い出しや訓練につながる。その後も検証を続け、実効性のある中身にしていくべきだ。ただ、小さな自治体では対応が難しい面もある。複数の市町村で広域避難を検討する方法もあり、国や県のより積極的な助言が求められる」と話す。

住民守る構えに地域差――「人手足りない」「災害優先」「普段から確認重要」

有事の際に、住民保護の鍵を握る「避難誘導マニュアル」。市町村に作成を求める国の基本指針が2005年3月に制定されて間もなく10年がたつが、九州でも6割が未作成だ。現場はその理由に、人手不足や事態想定の難しさなどを挙げる。一方、宮崎県では県の熱心な呼び掛けもあって、100%の市町村が作成済み。地域によって「有事の備え」にくっきりと差が出ている。

「必要なのは分かっているが、正直、とても手が回らない」。熊本県五木村の担当者は申し訳なさそうに話す。村は山間部にあり、人口は約1200人。担当職員1人で国民保護に加えて防災や消防の分野も担う。「この村が外国やテロリストに狙われると想定するのも難しい……」。マニュアル作成の予定は立っていないという。

総務省消防庁によると、全国の村で作成済みなのはわずか22％。九州でも18村のうち4村にとどまる。危機管理と災害対策は、多くの自治体で同じ部署が担当。限られた人員で、差し迫った災害対応を優先せざるを得ないという自治体は少なくない。

大分県別府市は沿岸部に位置する上、気象庁が常時観測する活火山の鶴見岳と伽藍（がらん）岳を仰ぐ場所にある。現在は南海トラフ巨大地震による津波と活火山の避難計画をそれぞれ準備中。担当者は「有事への危機感はあるが、手が足りない」。

九州の県庁所在地では、佐賀市と長崎市が未作成。佐賀市は「災害対策を優先せざるを得ず、事態の想定も難しい」。長崎市は、国の指針で示された「核攻撃の被害想定が現実的ではない」との議論が出たため、作業が遅れたという。

ただ、避難誘導マニュアルの作成は課題の整理につながり、他の災害に活用できるメリットもある。

15年1月20日、地下鉄内でサリンが散布されたとの設定で国や福岡県と実動訓練を行った福岡市。作成済みの避難誘導マニュアルでは、博多湾沿岸に武装工作員が潜伏した

地下鉄でのテロ事件を想定した訓練で除染作業をする陸上自衛隊員（福岡市西区）

り、都心の天神地区に弾道ミサイルが着弾したりする10パターンの事態を想定。国や県の指示と市の対応を時系列で示している。市は「武力攻撃事態では国が対応を主導するため、連携は極めて重要。普段から手順を確認しておかなければ適切な避難誘導は難しい」と強調する。

長崎県平戸市は、各地区の人口やバスの輸送能力などを計算した上で5パターンを想定。内容は13年2月に策定した原子力災害避難行動計画にも応用した。

人手不足などに悩む市町村が多い中、県の役割は大きいようだ。九州で唯一、全26市町村が作成済みの宮崎県は「市町村と電話やメールで連絡を取り、作成を呼び掛けたことが奏功した」。福岡県は「現状では作成率が上がらない」として、15年度から市町村の担当者を対象とした個別相談会を始める予定という。

一人も殺さず、一人も殺されず――イラク派遣後28人自殺

「お寝聡(いざと)なー」。異変に備え、寝ていても何かあればすぐ目を覚まして行動せよ、という国境の島・長崎県対馬の方言だ。朝鮮半島に近い陸上自衛隊対馬駐屯地では、防人(さきもり)や元寇(げんこう)の教訓を受け継ぐこの言葉を、隊員たちが別れ際に掛け合う。

「対馬に着任してから、北朝鮮や中国のニュースに敏感になりました」。狙撃手として島を守る永松智教2等陸曹(39)は、緊急出動に備え、妻子を本土の親族宅に避難させる段取りも決めている。政治家が言う「安全保障環境の悪化」を現場で実感したことはないという。が、有事には「事に臨んで

は危険を顧みず」という入隊時の宣誓に身を投じることになる。

駐屯地内の独身隊員宿舎の廊下に、段ボール箱が積まれていた。「大きな訓練のたびに私物を詰めるんです。隊員の身に不測の事態があれば、そのまま実家に送ります」。駐屯地幹部がさらりと言った。

発足から61年目。自衛隊は一人も殺さず、一人も殺されずに日本の平和を守ってきた――。だが、そう断言し難い現実もある。

約10年前、イラク派遣から帰国した40代の2等陸佐が自ら命を絶った。現地で医療支援をする衛生隊長だったが、帰国後にストレス症状が深刻化したという。防衛省によると、2003～09年のイラク派遣後に自殺した隊員は13年度までで28人。自殺率は一般国民平均の十数倍の「異常な高さ」（元陸自幹部）だ。

「非戦闘地域」のはずの派遣先で、陸自宿営地は迫撃砲などによる攻撃を13回受けた。関係者によると、歩哨をしていたある隊員は「ロケット弾よりも砲撃してきた人間が見えたのが怖かった。宿営地に入ってきたら、撃っていいのかと焦った」と証言。軽度の心的外傷後ストレス障害（ＰＴＳＤ）と診断された。

元防衛次官は「陸自車両に住民が笑って近づいてくる。手りゅう弾を投げ込まれる恐れもあるから、隊員たちは笑い返しながら備えていた。緊張状態で追い詰められ、自殺につながった人もいる」と打ち明ける。

イラク派遣については、04年11月の共同通信の世論調査で、63・3％が派遣延長に「反対」と答えるなど世論は慎重だった。現地で隊員の心理ケアをした元医官は、現地での極度の緊張が帰国後に一気に緩んだことに加え、（1）任務の意義、（2）裁量権の付与、（3）結果の評価——の有無がストレス症状の鍵を握ると指摘。「隊員の意欲を一番下げるのは世論の批判。海外派遣はあくまで国民から支持される形で行われるべきだ」と説く。

自衛隊が政治の道具と化し、現場の隊員を追い込むことがあってはならない。防衛省人事教育局は「イラク派遣と自殺の直接の因果関係は不明」と強調するが、元陸自幹部は「ある意味で戦死だ」とつぶやいた。

自衛隊の他国軍支援を常時可能とする恒久法の制定などで、自衛隊の海外での活動が拡大すれば、名実共に「戦死者」が出るリスクは高まるだろう。

14年秋、陸自西部方面隊が九州各地で実施した過去最大規模の総合演習「鎮西26」。メディアの注目を集めた水陸両用作戦訓練の陰で、「戦没者の取り扱い要領の検証」という作業がひそかに行われた。陸自幹部は、隊員の戦死への備えだったと認めた上で「詳しくは言えない」と口をつぐんだ。

訓練や任務中に殉職した自衛隊員の慰霊碑（東京都内の陸上自衛隊市ヶ谷駐屯地）

防衛力の基盤は国民理解——欠かせぬ自衛隊の戦略

２０１４年12月7日、長崎県佐世保市の島瀬公園。「護衛艦カレー（ＧＣ）１グランプリ」と銘打ったイベントは、市民ら約３０００人でにぎわった。「自衛隊と市民が一体のイベントは佐世保ならでは。大変素晴らしい」。朝長則男市長は上機嫌であいさつした。

地元の商店街組合と、海上自衛隊佐世保地方総監部の共催。佐世保基地所属の各護衛艦で乗員用に日頃調理されるカレーの味を食べ比べる企画は好評で、前年に続き2回目だった。

旧海軍時代から軍港として栄えた佐世保。地元の商店街組合の竹本慶三理事長は「佐世保基地は地域の資産。街や商店街に活力を出すために手を組んでいきたい」と期待する。

13年末に閣議決定した防衛計画大綱は「防衛力の能力発揮のための基盤整備」を明記。柱の一つとして地域連携や地元経済への寄与を求めた。同グランプリの仕掛け人でもある前佐世保地方総監の吉田正紀氏（57）は「基地があるから街が潤う部分もあるし、市民の理解があるから隊員は任務が果たせる。まさに共存共栄」と語る。

14年11月7日、桜島が眼前にそびえる鹿児島港（鹿児島市）に、普段は見かけない双胴式の高速フェリーが停泊していた。キリンやペンギンなどのイラストが描かれた船の中に、濃緑色の自衛隊車両が車列を組んで入っていく。

同船は、津軽海峡フェリー（北海道函館市）所有の「ナッチャンＷｏｒｌｄ」（約1万トン）。防衛省が同7月、「72時間以内に母港・函館を出港できる」ことを条件に借り上げ契約を結んだ。この日は、陸上自衛隊西部方面隊の総合演習「鎮西26」（同10～11月）のため、大分県の日出生台演習場に向かう南九州の部隊を大分港まで運んだ。

海上自衛隊が保有する大型輸送艦は3隻のみ。新造には数百億円かかるため、「民間フェリーを年間契約で確保することで輸送力不足を補う」と陸自幹部。防衛大綱は「迅速かつ大規模な輸送・展開能力確保」のために「平素から民間輸送力との連携」をうたう。

現在は単年度契約だが、防衛省は16年度から、船会社などが出資する「特別目的会社」が「ナッチャン」など2隻を所有する形にして、10年間の長期契約を結ぶ方針。さらに、今は訓練や災害派遣時の輸送に限られるが、将来的には予備自衛官などを船員として雇うことで、有事にも車両や部隊を運べるようにする手法を検討している。

「歓迎　陸海空自衛隊御一行様」。鎮西26の舞台の一つになった奄美大島を南北に貫く国道58号沿

㊤市民と自衛官が交流したGC1グランプリ（長崎県佐世保市）㊦民間船に乗船する自衛隊車両（鹿児島港　陸上自衛隊西部方面隊提供）

いに、のぼり旗が揺れていた。

陸自の駐屯地や演習場がない同島や周辺の無人島では離島奪回訓練などが行われた。自衛隊では、こうした演習場や駐屯地以外の国有地や民有地での訓練を「生地(せいち)演習」と呼ぶ。九州全域でのそれは今回、過去最多の45カ所に上った。

「生地演習の実施地域は有事に防衛の第一線となるところが多い。地元住民の理解と協力が防衛力向上に大きな意味を持つ」と陸自幹部。隊員たちは訓練の合間、台風で倒壊した石積みの修復などに汗を流した。財政難の時代、市民に寄り添う姿勢は、自衛隊の重要な戦略なのだ。

戦後70年――変貌する自衛隊の歩み

戦後70年の2015年は、自衛隊にとって大きな節目の年となった。歴代内閣が封印してきた集団的自衛権の行使が、安倍晋三政権による憲法解釈変更で可能となり、海外における自衛隊の役割を拡大する「安全保障法制の整備」が国会で進んだためだ。1954年の創設以来、海外では武器を使わない国際貢献に徹し、国内では災害支援などに汗を流してきた自衛隊は、どう変わろうとしているのか――。「近くて遠い存在」とも言えるその歩みを振り返り、これからに目を凝らしたい。

1950～1990年　日陰者の時代

終戦後、「戦争放棄」と「戦力不保持」を掲げる憲法9条の下で政府は再軍備を否定した。だが1

950年に朝鮮戦争が発生すると、米国の要請もあって連合国軍総司令部（GHQ）が許可する政令で警察予備隊を新設。52年には保安隊に改組され、海上警備隊も創設された。

54年7月1日、自衛隊法と防衛庁設置法が施行され「わが国の平和と独立を守り、国の安全を保つため、直接侵略および間接侵略に対し、わが国を防衛することを主たる任務」とする自衛隊が発足。陸上約13万人、海上約1万6000人、航空約6000人体制での出発だった。

吉田茂元首相は57年、防衛大学校1期生にこう語った。「自衛隊が国民から歓迎され、ちや

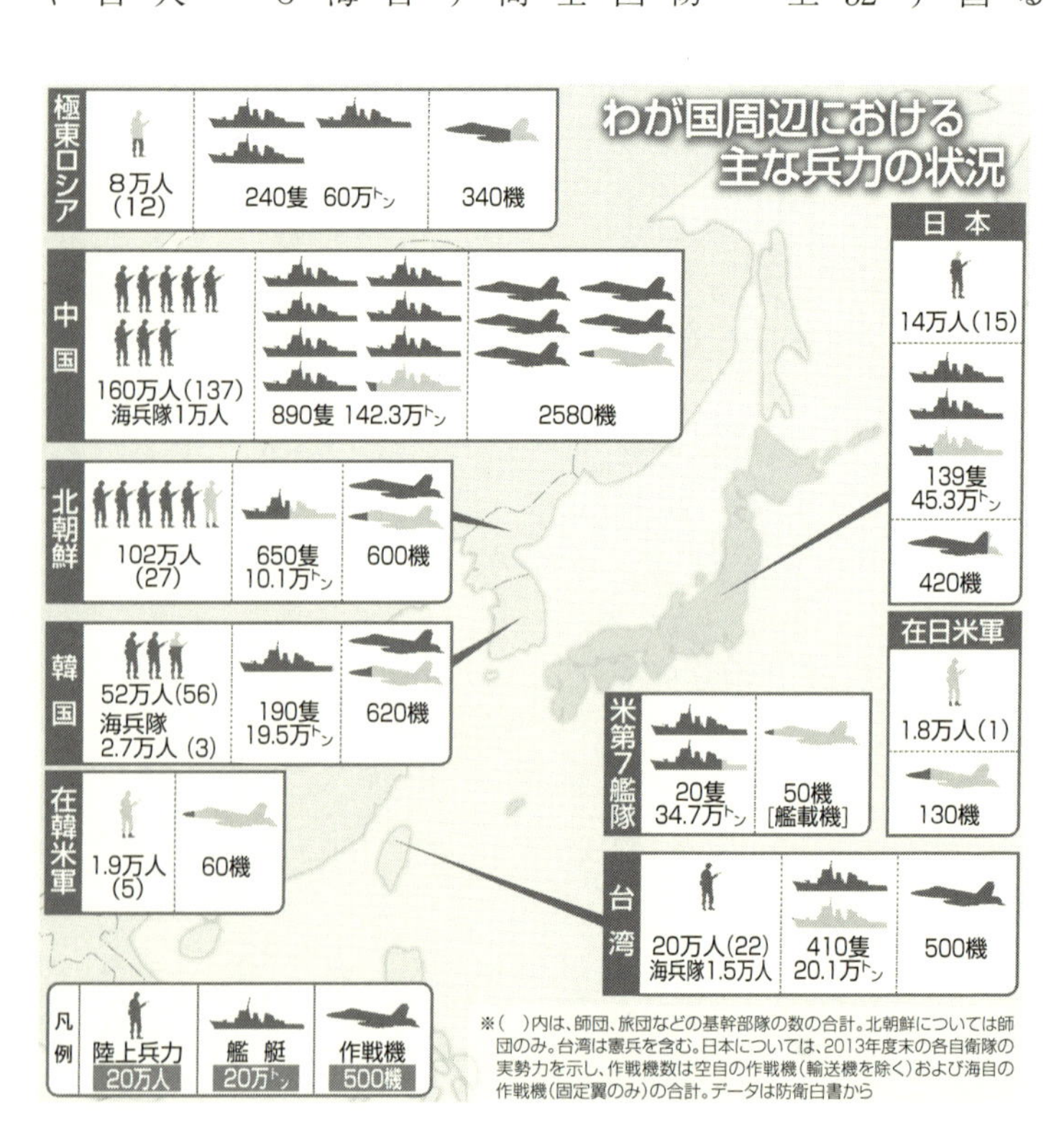

※（　）内は、師団、旅団などの基幹部隊の数の合計。北朝鮮については師団のみ。台湾は憲兵を含む。日本については、2013年度末の各自衛隊の実勢力を示し、作戦機数は空自の作戦機（輸送機を除く）および海自の作戦機（固定翼のみ）の合計。データは防衛白書から

ほやされる事態とは（中略）国民が困窮し国家が混乱に直面している時だけなのだ。言葉を換えれば、君たちが日陰者である時の方が国民や日本は幸せなのだ。どうか耐えてもらいたい」。

60年代には戦後の平和主義が定着。軍部の独走が国内外で多大な犠牲を招いた戦前への反省から、一部自治体で隊員の住民登録や成人式参加を拒否する動きも起きた。自衛隊の合憲・違憲論争が続く中、冷戦期の自衛隊は日米安保体制のもと、仮想敵国のソ連を封じ込める役割を担った。

1991～2000年　初の海外派遣

1989年12月、米ソ首脳会談で冷戦終結が宣言された。以降、日本の領域に限られていた自衛隊の活動は海外に拡大していく。

91年の湾岸戦争時、日本は憲法9条の制約で多国籍軍に参加せず、130億ドルを拠出。巨額の支援にもかかわらず「人的貢献が不十分」と国際的な批判を浴びた。中京大の佐道明広教授はこの〝トラウマ〟が「従来のタブーを消していくことになった」と指摘する。

湾岸戦争の停戦後、掃海艇部隊がペルシャ湾に派遣される。反対も相次ぐ中での「初の海外派遣」だった。翌92年には国連平和維持活動（ＰＫＯ）協力法が制定され、カンボジアに初のＰＫＯ部隊が派遣された。

冷戦終結は、日米同盟も大きく転換させた。96年の日米安保共同宣言は日米安保の目的を「アジア・太平洋の平和と安定」と位置づけ、翌年に改定された日米防衛協力指針（ガイドライン）は、日米協力の対象を日本周辺の有事に広げた。

専守防衛に徹した冷戦時代

年	月	
1945	8	終戦
47	5	日本国憲法施行
50	6	■朝鮮戦争始まる
	8	警察予備隊発足
51	9	サンフランシスコ講和条約、日米安全保障条約調印
52	4	海上保安庁に海上警備隊発足
	同	サンフランシスコ講和条約と日米安保条約が発効。日本が独立を回復し、沖縄が日本から切り離され、米軍の施政権下に置かれる
54	6	参議院が自衛隊の海外出動禁止決議
	7	防衛庁設置、陸海空の自衛隊が発足❶
60	6	日米安全保障条約を改定、米国の日本防衛義務を明示
62	10	キューバ危機。ソ連のフルシチョフ首相がキューバのミサイル撤去を言明
65	2	■米軍が北ベトナム爆撃を開始
71	7	岩手県雫石町上空で全日空機と自衛隊機が衝突、全日空機の乗員乗客計162人全員が死亡
72	5	沖縄が本土復帰

ペルシャ湾への初の海外派遣

年	月	
92	8	国連平和維持活動（PKO）協力法施行
	9	初のPKO参加のため、第1次カンボジア派遣施設大隊の出発開始❻
95	1	阪神大震災が発生。6437人が死亡・行方不明。自衛隊が災害派遣
	3	地下鉄サリン事件が発生。自衛隊が災害派遣
96	4	日米安保体制の目的を「アジア・太平洋地域の平和と安定」と位置づける日米安全保障共同宣言発表
97	9	日本周辺有事での日米協力を盛り込む新ガイドラインに合意
98	8	北朝鮮がミサイルを発射、日本上空を越えて太平洋に落下
99	3	能登半島沖で北朝鮮の不審船事件。自衛隊初の海上警備行動
	5	日本周辺で有事が起きた場合の日米協力を定めた周辺事態法成立

海外派遣の常態化

年	月	
2001	9	■9・11米中枢同時テロ❼
	11	テロ対策特措法に基づき、海自補給艦などがインド洋へ出港。自衛隊初の戦時下での海外派遣。08年1月からは根拠法が補給支援特措法に変わり、インド洋で英米やパキスタンなどの艦艇へ給油活動。派遣は10年2月まで続く❽
03	3	■米英軍などがイラク軍事攻撃開始

専守防衛に徹した冷戦時代

- 76年9月　ソ連軍の戦闘機ミグ25が北海道の函館空港に強行着陸❷
- 78年11月　ソ連の侵攻に備え、自衛隊と米軍の協力や役割分担を定める日米防衛協力指針（ガイドライン）を策定
- 80年2月　海自が米海軍主催の環太平洋合同演習（リムパック）に初参加
- 85年8月　群馬県上野村の山中に日航ジャンボ機が墜落。乗員乗客520人が死亡。女性4人が救助された。自衛隊が災害派遣❸
- 88年7月　神奈川県沖で海自の潜水艦と遊漁船が衝突、遊漁船の乗客ら30人が死亡
- 89年11月　■ベルリンの壁崩壊
- 12月　■米ソ首脳会談で冷戦終結宣言

ペルシャ湾への初の海外派遣

- 90年8月　■イラク軍がクウェート侵攻
- 91年1月　■米軍中心の多国籍軍とイラク軍との間で湾岸戦争が始まる
- 4月　■湾岸戦争の正式停戦発効
- 4月　海自の掃海艇部隊がペルシャ湾へ出港。自衛隊初の海外派遣❹
- 6月　雲仙・普賢岳で大火砕流が発生。43人が死亡・行方不明。自衛隊が災害派遣❺
- 12月　■ソ連崩壊

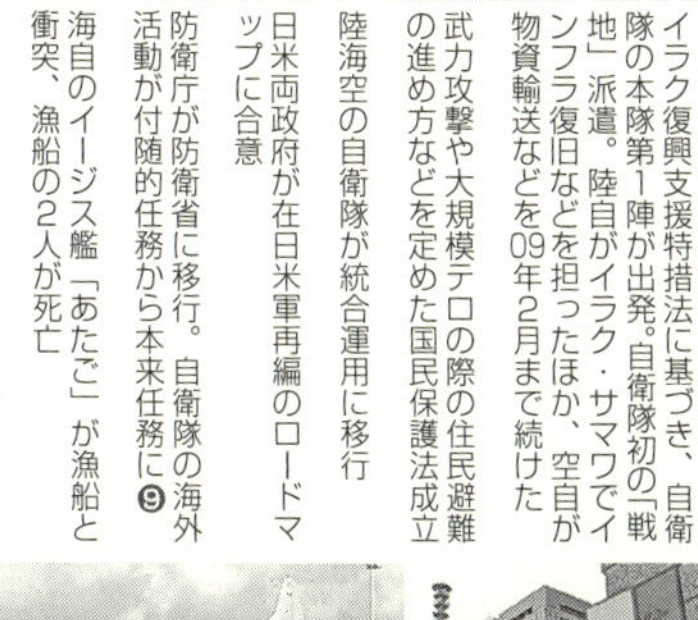
❹

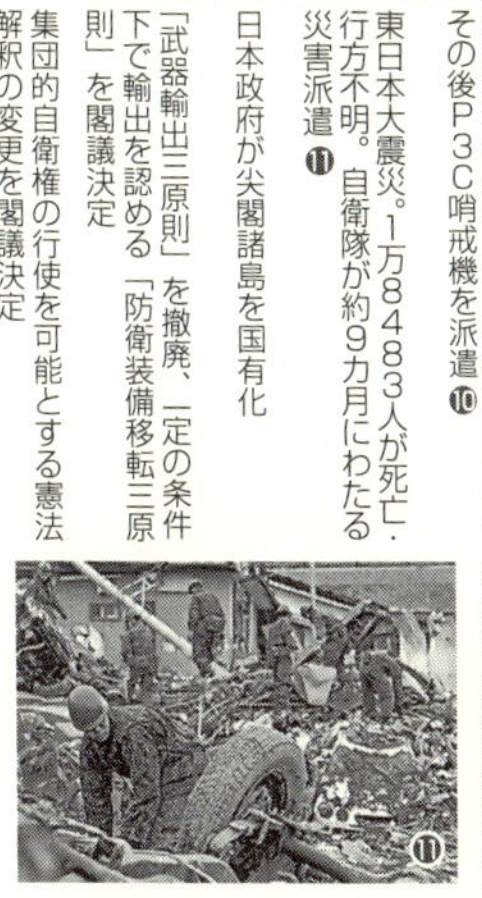
❺

海外派遣の常態化

- 6月　武力攻撃を受けた際の国の対処方針などを定めた武力攻撃事態法が成立
- 04年2月　イラク復興支援特措法に基づき、自衛隊の本隊第1陣が出発。自衛隊初の「戦地」派遣。陸自がイラク・サマワでインフラ復旧などを担ったほか、空自が物資輸送などを09年2月まで続けた
- 6月　武力攻撃や大規模テロの際の住民避難の進め方などを定めた国民保護法成立
- 06年3月　陸海空の自衛隊が統合運用に移行
- 5月　日米両政府が在日米軍再編のロードマップに合意
- 07年1月　防衛庁が防衛省に移行。自衛隊の海外活動が付随的任務から本来任務に❾
- 08年2月　海自のイージス艦「あたご」が漁船と衝突、漁船の2人が死亡
- 09年3月　アフリカのソマリア沖・アデン湾での海賊対処のため、海自の護衛艦が出港。その後P3C哨戒機を派遣❿
- 11年3月　東日本大震災。1万8483人が死亡・行方不明。自衛隊が約9カ月にわたる災害派遣⓫
- 12年9月　日本政府が尖閣諸島を国有化
- 14年4月　「武器輸出三原則」を撤廃、一定の条件下で輸出を認める「防衛装備移転三原則」を閣議決定
- 7月　集団的自衛権の行使を可能とする憲法解釈の変更を閣議決定

❾

❿

⓫

新防衛計画大綱で定める主要装備など

区分			現状（2013年度末）	将来
陸上自衛隊	編成定数 常備自衛官定員 即応予備自衛官員数		約15万9000人 約15万1000人 約8000人	15万9000人 15万1000人 8000人
	基幹部隊	機動運用部隊	中央即応集団 1個機甲師団	3個機動師団 4個機動旅団 1個機甲師団 1個空挺団 1個水陸機動団 1個ヘリコプター団
		地域配備部隊	8個師団 6個旅団	5個師団 2個旅団
		地対艦誘導弾部隊	5個地対艦ミサイル連隊	5個地対艦ミサイル連隊
		地対空誘導弾部隊	8個高射特科群　連隊	7個高射特科群　連隊
海上自衛隊	基幹部隊	護衛艦部隊 潜水艦部隊 掃海部隊 哨戒機部隊	4個護衛隊群（8個護衛隊） 5個護衛隊 5個潜水隊 1個掃海隊群 9個航空隊	4個護衛隊群（8個護衛隊） 6個護衛隊 6個潜水隊 1個掃海隊群 9個航空隊
	主要装備	護衛艦 （イージス・システム搭載護衛艦） 潜水艦 作戦用航空機	47隻 （6隻） 16隻 約170機	54隻 （8隻） 22隻 約170機
航空自衛隊	基幹部隊	航空警戒管制部隊 戦闘機部隊 航空偵察部隊 空中給油・輸送部隊 航空輸送部隊 地対空誘導弾部隊	8個警戒群 20個警戒隊 1個警戒航空隊（2個飛行隊） 12個飛行隊 1個飛行隊 1個飛行隊 3個飛行隊 6個高射群	28個警戒隊 1個警戒航空隊（3個飛行隊） 13個飛行隊 — 2個飛行隊 3個飛行隊 6個高射群
	主要装備	作戦用航空機 うち戦闘機	約340機 約260機	約360機 約280機

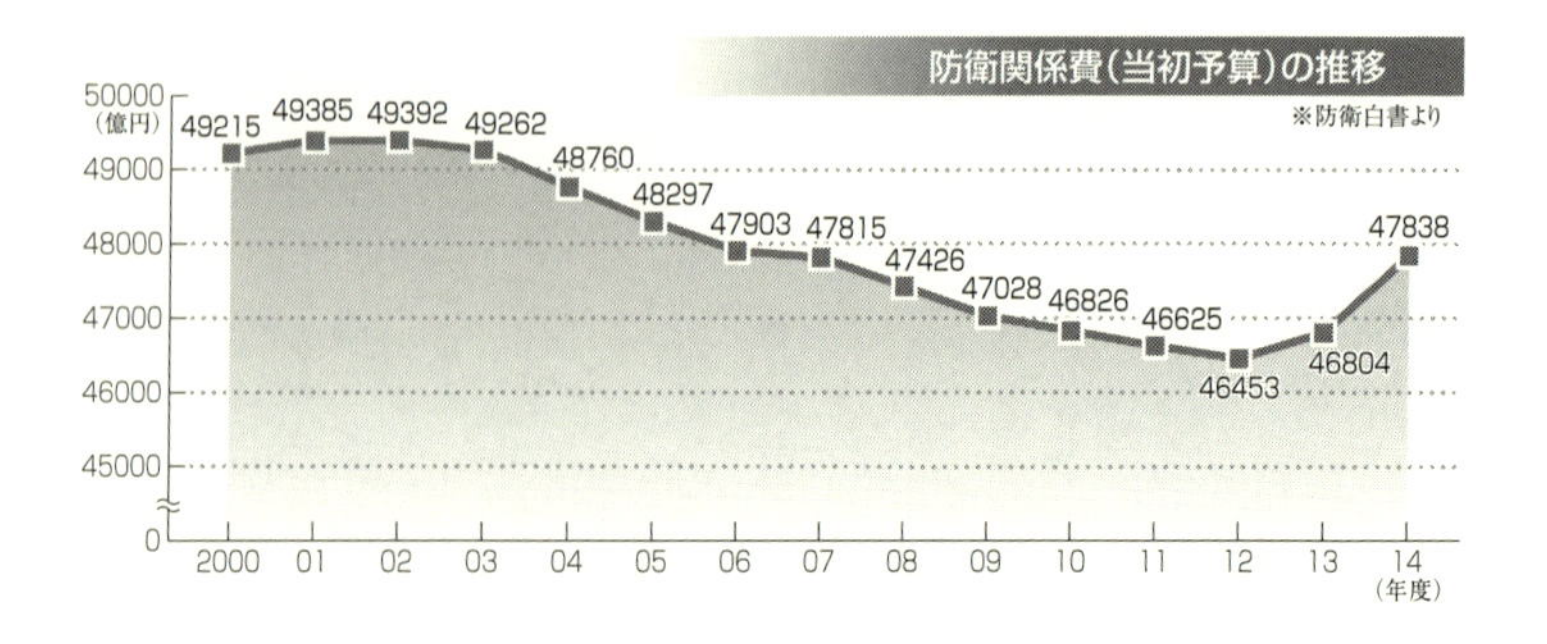

一方、雲仙・普賢岳の大火砕流や阪神大震災では災害派遣で人命救助に尽力。国民の評価は高まった。

2001～2014年 海外活動拡大

2001年9月の米中枢同時テロ後、「国際協調」の旗印のもと、自衛隊の海外派遣が常態化。専守防衛を理念とする自衛隊の活動範囲が広がった。

同年10月、テロ根絶のための国際社会の取り組みに日本として積極的、主体的に寄与することを目的に、米軍などの軍事行動を自衛隊が後方支援するテロ対策特措法が成立。11月に海上自衛隊の補給艦や護衛艦を派遣し、翌02年1月にはインド洋で英艦船への洋上補給を開始した。

03年7月には、イラク戦争で荒廃した同国の復興を支援することを目的にしたイラク人道復興支援特措法が成立。04年2月に陸上自衛隊の本隊第1陣を南部サマワに派遣するなど、海上自衛隊と航空自衛隊も含め、活動は09年2月まで続いた。サマワの宿営地に迫撃砲やロケット弾が撃ち込まれることもあった。

政府は、海賊対策にも自衛隊を活用。アフリカ東部のソマリア沖・アデン湾において日本の関係船

新防衛計画大綱・中期防衛力整備計画の骨子

- 国際協調主義に基づく積極的平和主義の観点から、わが国自身の能力・役割を強化・拡大
- 日米同盟を強化しつつ、諸外国との2国間・多国間の安全保障協力を積極的に推進
- 専守防衛、文民統制、非核三原則を守りつつ、実効性の高い「統合機動防衛力」を整備
- 警戒監視、輸送、情報通信、島しょ部攻撃対応、弾道ミサイル対応、宇宙・サイバー空間、大規模災害対応、国際平和協力活動などの能力を重視
- 弾道ミサイル発射手段への対応能力のあり方を検討し、必要な措置を講じる
- 陸上自衛隊の師団や旅団を機動性重視に改編。指揮系統を全国的に一元化した陸上総隊を新編し、水陸両用作戦専門部隊「水陸機動団」を新設
- イージス艦を2隻増。ティルトローター機、無人偵察機、新たな早期警戒機を導入

■2013年12月に閣議決定

※大綱は、おおむね10年程度の防衛力の整備・運用方針
※中期防は、大綱に基づき5年ごとに部隊規模や所要経費などを明示したもの

船を海賊から守るため、09年3月に護衛艦、同年5月にはP3C哨戒機をそれぞれ派遣している。

国連平和維持活動（PKO）では、11年7月に独立した南スーダンに施設隊を派遣した。

憲法9条をめぐる極秘文書――米「改憲より解釈変更」

1957年、東西冷戦下で日本の軍備増強を進めようと米政府が協議した際に「憲法改正を求めて圧力をかけるのは逆効果。日本が自ら憲法9条の解釈を変更して増強を図るのが現実的だ」との認識で一致していたことを示す極秘文書を、京都外国語大の菅英輝（かんひでき）教授（国際政治学）が米公文書館で発見した。以降、自民党政権は解釈改憲へと進んでいく。そのレールを米国が敷いたことを示す重要史料といえる。

極秘文書は57年12月10日付。「日本における憲法改正の見通し」と題し、米国務省のパーソンズ北東アジア課長が、上司であるロバートソン極東担当国務次官補に在日米大使館の分析などを伝えた報告書だ。

その中で、大使館の考察として「かつて米国が日本に憲法改正への圧力をかけたが、効果を生まなかった。このまま続ければ逆効果になる可能性がある」と言及。憲法については「条文改正ではなく、日本政府自らが解釈の変更で（軍備増強）問題を解決する立場をとるべきだ」としている。

菅教授は、この文書とは別に、在日米大使館のホーシー公使がパーソンズ課長に宛てた57年11月29日付の極秘文書も発見した。大使館側の見解として「憲法9条は解釈の変更によって事実上改正される可能性が高いと信じている。正式な改憲よりも解釈改憲を助長、推奨する方が米国にとって利益だ。条文の改正を無理にさせようとすれば逆効果になる」と書かれている。

米国は50年代当時、共産主義勢力に軍事的に対抗するため、日本に憲法改正を求める姿勢だった。53年には来日中のニクソン米副大統領が「日本を（憲法9条制定で）非武装化したのは誤りだった」と発言し、物議を醸している。

日米外交史に詳しい菅教授は、米国が解釈改憲路線に転じた理由を「日本の国内世論の平和感情や改憲への根強い反対が無視できないことに加え、日本の急速な軍事大国化を恐れたため」などと分析している。

「日本の軍事大国化懸念」米極秘文書（寄稿）

京都外大教授　菅英輝氏

米国が解釈改憲を容認する姿勢を示した極秘文書を発見した菅英輝京都外国語大教授から、史料の歴史的価値について寄稿いただいた。

極秘文書は、日米安保条約の改定交渉が始まった1950年代末、米国が憲法改正の要求を引っ込め、自民党政権による解釈改憲の動きを容認、助長する姿勢に転じたことを示す重要史料だ。米国が方針転換したのは、憲法改正が実現すれば、（1）日本の急速な軍事大国化と米国離れを防ぐ、（2）日本の軍備増強に対して東アジア諸国の懸念が増大し、地域が不安定化することを防ぐ――という米国の狙いが危うくなると恐れたためだ。

安保条約をめぐって、日米間には当初から思惑の違いがあった。「日本有事」優先の日本に対し、米国は「極東有事」重視の立場から日本に地域防衛への貢献を求めた。その結果、自民党政権は、戦争放棄と再軍備禁止を定めた憲法9条の解釈を変更することで、自衛隊の合法化、防衛力増強を推進した。一方、解釈改憲を容認する米国の姿勢は、その反動として日本国内に改憲勢力の台頭を促し、ひいては、集団的自衛権の行使容認に踏み切った安倍晋三政権の出現につながったと考えられる。「戦後70年」を迎える中、極秘文書は日米安保体制に重大な変容をもたらした要因を浮き彫りにするものとして注目される。

元海将の憂い

不戦へ抑止力強化を――「撃たせず」が自衛隊の道

「1発の銃弾も撃たず、撃たせず、平和のうちに静かに制服を脱ぐことを、ささやかな誇りとしたい」。退任式で部下たちを前に、そうあいさつした元海将がいる。2014年春まで海上自衛隊の佐世保地方総監を務めた吉田正紀（まさのり）さん。35年間にわたって国防の最前線にいた軍事のプロは、国際情勢や安保政策の大転換をどう捉えているのか。計12時間に及ぶロングインタビューで聞いた。紙面掲載は、安保法制の与党協議が進んでいた2015年3月5～7日。

◇　◇

——あの退任あいさつの真意は。

「私は軍人として3代目。祖父は上海事変、父は太平洋戦争に従軍した。この国を戦禍に置いた責任を、DNAとしては非常に感じている。1発でも撃てば紛争拡大の恐れが出てくる。究極は撃たず撃たせず、この国を二度と戦禍に置かない。日本を平和に繁栄させることが、自分たちの仕事だと思ってきた」

——佐世保総監時代は、尖閣諸島をめぐって対立する中国や、核・ミサイル開発を進める北朝鮮と向き合った。振り返ると。

「尖閣では緊張を軍事衝突にエスカレートさせず、領土・領海・領空を断固守るという国家意思を、相手に理解させるのが役割だった。そのためには相手の艦艇の動きを100％把握して、相手が出てくるところに必ずこちらが存在しないといけない」

吉田正紀さん　1957年、宮崎県生まれ。防衛大卒業後、79年に海上自衛隊入隊。護衛艦「いわせ」艦長、駐米日本大使館の防衛駐在官、海上幕僚監部の指揮通信情報部長、海自幹部学校長などを歴任。2012年から2年間、佐世保基地（長崎県）トップの佐世保地方総監を務めた。海将は海自で最上位の階級。トップの海上幕僚長のほか佐世保、横須賀など五つの地方隊の総監など計16人いる。写真は佐世保地方総監退任式で

「13年1月に、東シナ海で中国艦艇が日本の護衛艦に射撃管制レーダーを照射する事件が起きた。次に弾が飛んでくるかもしれない危険行為。しかし、尖閣をめぐって領土問題があることを国際社会に認めさせるのが目的の挑発行為

だと、日本側は判断した。だから、艦長は冷静に対応できた」

――現状はどうか。

「対中国では、私が総監だった2年間が緊張のピークだろう。正直、隊員の戦死さえ覚悟していた。力による現状変更の圧力に隊員たちが歯を食いしばって耐えたからこそ、14年11月のアジア太平洋経済協力会議（APEC）で両国首脳による一定の和解につながったと理解している」

「ピークは過ぎたが『緊張の高め安定』は続くとみている。中国は東シナ海だけでなく、南シナ海でも現状変更の圧力を強め沿岸国と対立を深めている。彼らの根底にあるのは、近代以後、日本を含む西側によって搾取された自分たちの権益を取り戻すという意識なのだと思う。軍事力の増強を背景に、威嚇は続くと覚悟すべきだ」

――日本はどう向き合えばいいのか。

「外交手段も当然必要だが、力の裏づけがなければ侮られる。必要なのは、衝突を未然に防ぐ『抑止力』を高めることだ。戦えば必ず勝つ能力と覚悟を持って、戦わない。そのために自衛隊は演習を通じ能力を徹底的に鍛える。それと日米同盟の強化だ」

「ある映画の中で、太平洋戦争で連合艦隊司令長官だった山本五十六が『不戦不敗の道はなかったのか』と語る場面がある。私たちは違う。目指すのは『不敗不戦の道』だ。不敗の態勢をつくらないと、不戦にはならない」

海外派遣の拡大――増大する政治の責任

元海将の吉田正紀さんは２０１０～12年の海上自衛隊の幹部学校長当時、海賊対処に向かう部隊の教育訓練を担った。

◇　◇

――新たな安保法制の与党協議では、武器使用基準の拡大が焦点の一つだ。これまで自衛隊の海外派遣の際は、憲法９条の制約から武器使用は正当防衛などに限られてきた。厳格な武器使用基準は、自衛隊が海外で武力行使をしない歯止めでもあった。

「湾岸戦争後のペルシャ湾への掃海艇派遣、１９９２年の初のカンボジアＰＫＯ（国連平和維持活動）の時も、武器使用基準が注目された。２０００年に国会で議論になったのは不審船への船体射撃。危害を加えない範囲での射撃は認められたが、結果として加えた場合、法的には撃った自衛官の責任になる可能性がある。それは組織としては耐えられない。命令で撃つわけだから」

「だから現場は悩む。どうやったら撃たないで任務を達成できるのかと。一方、撃たないことを考えすぎる組織は、撃つべき場面で撃てない可能性がある。幹部学校長時代には、その対応が大きな比重を占めた」

――具体的には。

「09年に始まったアフリカ・ソマリア沖での海賊対処では（制止の指示に従わずに海賊行為を続けようとする場合など）一定の条件で武器使用が認められた。だから、その場面がきたら撃てるよう派遣部隊に対し図上演習をした。できることをやらずに海賊に民間船を乗っ取られたら、自衛隊の存立意義が問われる」

――与党協議で、自衛隊の海外派遣を随時可能にする恒久法制定の準備が進む。活動内容も広がる方向だ。隊員のリスクが高まることをどう考えるか。

「現場としては恒久法の方が、期間限定の特措法よりもはるかに良い。自衛隊が平素から訓練や装備をしっかり準備できるからだ。十分な訓練や準備もなく『行け』と命令される方が現場を危険にさらす」

――しかし米国の戦争にどんどん加担すれば、日本国内でテロの脅威も高まる。アラブ社会から平和国家として一定の信頼を得てきた日本が、戦後70年になって出ていくことに意味があるのか。

「法整備が進み、自衛隊が訓練で能力を高めても、実際にそれを動かすかどうかを決めるのは政治の判断だ。カードを持つことと使うことは別の問題。安全保障環境が厳しさを増す中、選択肢としてカードを多く持つことは必要だ」

――政治判断で自衛隊を海外派遣する際は最低限、国民の支持が必要だ。

「軍事組織を動かす際、国民的な幅広い支持があるべきなのは当然だ。私は、新たな安保法制の整備が進めば、そこから先は政治にとってすごく厳しい世界になるとみている。選択肢が増えれば、国益に照らして優先順位を見極めなければいけないからだ」

「自衛隊が紛争地で邦人を救出できるのか、南シナ海で日本のシーレーン（海上交通路）が脅かされる事態が起きた時にアフリカで海賊に対処する護衛艦の派遣を続けるのかなど、自衛隊の能力の質や量を見極める必要も出てくる。政治家は、外交・安保について幅広い知識と見識がいっそう問われることになる」

同盟の現実──「ノー」は難しくなる

２００５年から3年間、吉田正紀さんは米国ワシントンの日本大使館で防衛駐在官（防衛班長）を務めた。

◇　◇

──米国でどんな仕事を。

「当時は、イラク戦争に伴い、陸上自衛隊が04年からイラク南部のサマワで人道復興支援を続けていた。米側の理解を得て、うまくそれを撤収させることが大きなテーマだった」

──陸自のイラク派遣は、米側の強い要請を受けた事実上の自衛隊初の「戦地派遣」。米側の反発は強かったのでは。

「多くの国が『このままじゃ泥沼だ』と距離を置きたがっていた時期に、日本が去るわけだからね。しかし、本国からの指示は『最低でも米国から非難されることなく陸自を帰国させろ』と。大使館員で手分けして国務省、国防総省、議会筋などを回った」

──反応は。

「さんざんだった。『何をふざけたことを』とか『それをやったら日米関係は終わりだ』とか。その後も07年に特措法の延長ができず、インド洋での給油支援が中断に追い込まれた時も同じような経験をした」

──米国を嫌いになったのでは。

「力がない相手と同盟を組むぐらい無意味なことはない。好きか、嫌いかなんていうのは、二の次。私は当時、部下たちにこう話した。『米国を好きになる必要はない。でもこいつは米国が好きなんだと彼らに思わせろ。それが俺たちの仕事だ』と。好感を持っていると相手に感じさせることで、初めて関係が深まる」

――米国は太平洋戦争後もベトナムやアフガニスタン、イラクなど世界各地で戦争をしてきた。日米防衛協力指針（ガイドライン）の改定と新たな安保法制整備によって、自衛隊の米軍支援は「地球規模」に広がる。米国の戦争に巻き込まれる危険な道ではないか。

「戦後70年の日本の平和は、日米同盟を基軸とする『抑止力』によって守られてきたと考える。自衛隊もそれなりの仕事をしてきた。国益がぶつかり合う国際社会の中で『平和、平和』と唱えるだけでそうなるわけではない」

「逆に聞きたいのは、同盟国などが『共通の脅威だ』としてリスクを冒して共同で対処している時に『日本はできません』と言い続ければ、日本が本当に困った時に助けてもらえるだろうか。同盟関係はギブ・アンド・テークだ」

――自衛隊の海外派遣を求める米国からの圧力の防波堤になってきたのは、憲法の平和主義だ。法整備と同盟強化で憲法が骨抜きにされれば、米国の圧力をはね返せなくなる。

「今より『ノー』と言うのは難しくなるだろう。断るなら米国を納得させる理屈と覚悟が必要になる」

――米国は同盟相手として信頼できるか。

「日米同盟は、揺るぎない不動産のような米英同盟とは違う。庭を美しく保つには、誰かが水や肥料をやり、枝切りをする努力がいる。『同盟維持とはガーデニングみたいなものだ』とワシントン時代に加藤良三大使（当時）に教わった。日米同盟が強ければ、中国にも北朝鮮に対しても抑止力は高まる。今後も、その仕事の一端を担いたい」

第4章　基地、その足元で
——迫る沖縄知事選

米軍機の騒音や墜落の恐怖、米兵による事件や事故……。沖縄は、太平洋戦争末期の沖縄戦後、「米軍基地の負担」を背負い続けてきた。国土のわずか0・6％の狭い土地に、全国の74％もの在日米軍専用施設が集中する。

沖縄県知事選は、その「基地」を最大争点にした保革対決の歴史だった。「反基地」の革新勢力と、基地負担の軽減を主張しながらも日米安保条約を容認する保守勢力が、ぶつかる構図。だが、２０１４年11月16日投開票の知事選では、その対決構図が崩れた。前年の13年末、公約を破り、普天間飛行場（宜野湾市）の名護市辺野古移設を突然容認した当時の仲井真弘多知事に、県民の反発が広がったことが原因だった。自民党が推す現職の仲井真氏に、かつて自民党県連幹事長まで務めた保守系新人の翁長雄志氏が「辺野古ノー」を掲げ、革新勢力の支援も受けて勝利した。紙面掲載は、知事選前の２０１４年10月22～30日。当選後も「あらゆる手段を講じて造らせない」とする翁長知事に対し、安倍政権は対決姿勢を明確にし、移設に向け、埋め立て工事に着手。政府と沖縄の「溝」は深まるばかりだ。沖縄の基地問題への本土側の関心の低さも、変わっていない。

米軍、沖縄集中の源流

基地を隠し反感減らせ――1956年米政府極秘文書

　終戦から約10年――。まだ日本本土に米軍基地が多くあった1950年代半ばに米国務省が、在日米軍基地を本土から沖縄に集約し、〝基地の不可視化〟を図っていたことを示す極秘文書が、北九州市に住む日米外交史の研究者の書庫に眠っていた。「米軍基地の存在を（日本本土の）世論の目にとまりにくいようにして、日本人の反基地感情を減らすべきだ」などと英文で記されている。52年のサンフランシスコ講和条約の発効で独立を回復した本土から、米国の施政権下に置き去りにされた沖縄へと、米軍基地が移設された政策の「源流」と言えそうだ。

　研究者は、米国の情報公開制度などで入手した米公文書を通し長年、日米外交史を研究している九州大名誉教授で、京都外国語大の菅英輝（かんひでき）教授（71）。核兵器を積んだ米艦船の日本寄港・通過をめぐる日米密約文書を発見した業績な

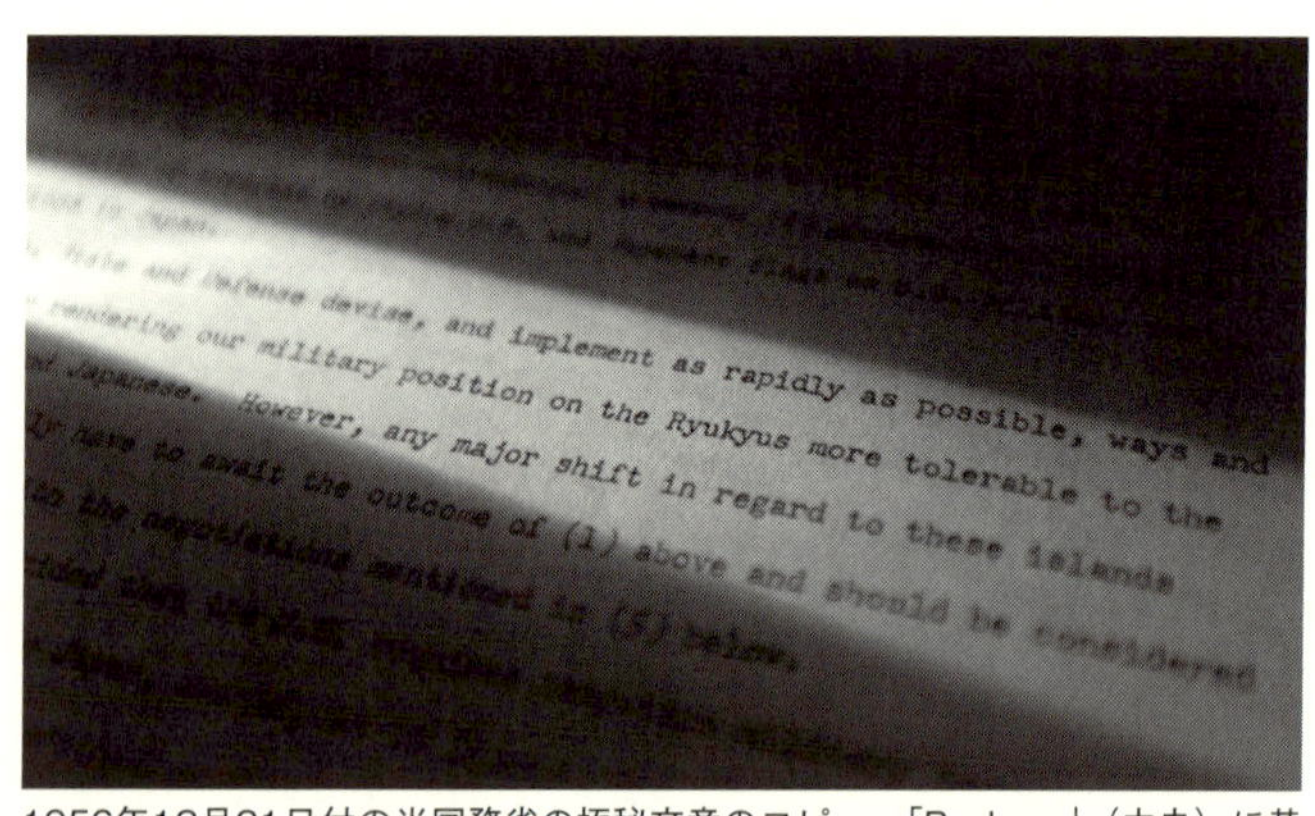

1956年12月21日付の米国務省の極秘文章のコピー。「Ryukyus」（中央）に基地を移すよう提言している

どで知られる。

2014年8月、菅氏への取材で「沖縄に比べ、なぜ本土では安全保障に関心が低いのでしょうか」と問うた時のことだ。「身近に基地が少ないからでしょう」。菅氏はそう答え、言葉を継いだ。「本土の米軍基地を沖縄に集約し、基地を見えなくすることで日本人の関心を減らそうとした極秘文書を見たことがあります」。

私たちの米軍基地問題への関心の低さは政策的に導かれたものだったのか。書籍を調べ、他の研究者などにも尋ねたが、文書は確認できなかった。諦めかけた9月末、菅氏から連絡が入った。「多分これだったと思います」。

その極秘文書は、56年12月21日付。在日米軍基地の再編について、米国務省内部でやりとりされた米公文書のコピーだった。

沖縄現代史に詳しい新崎盛暉（あらさきもりてる）・沖縄大名誉教授（78）を那覇市の自宅に訪ね、文書を見てもらった。「初めて見た。本土から移ってきた沖縄の海兵隊基地は、ほとんどが1950年代後半から60年代初めに造られた。文書の通りだ」と語った。

仕組まれた無関心——本土懐柔は米が筋書き

菅英輝教授が探し出してくれた極秘文書は、米国公文書館で開示されたA4判のコピー。1956年12月21日付で、米国務省のパーソンズ北東アジア課長から、シーボルト国務次官補代理（極東担当）に宛てたものだ。

戦後の対アジア外交に深く関与した米国務省の極東局地域企画担当官マーシャル・グリーン氏が「日本における米国の軍事的立場の再考」と題してまとめた、16ページの提言が添えられていた。パーソンズ氏は、文書に「北東アジア課は、彼の分析や提言に全面的に同意します」と記している。

グリーン氏の提言は、基地の不可視化に加え、（1）米軍施設をできる限り自衛隊に移管、（2）日本の近代的な軍備開発を手助けし、日本人の自衛隊への関心や尊敬を促す、（3）在日米軍基地に両国の旗を掲げ、日米関係への関心を高める——などを列挙。その上で、こう踏み込んでいた。「より受け入れられやすい琉球（沖縄）に基地を移すための手段と方法を考案し、できるだけ早急に実行すべきだ」。

調べてみると、グリーン氏は41年の真珠湾攻撃の数カ月前まで在日米大使館に勤務。70年代には国務次官補（東アジア・太平洋担当）として、ニクソン米大統領の電撃訪中に関わったキーマンの一人だった。文書には、58〜60年の日米安保条約改定交渉を担当することになるマッカーサー次期駐日米大使にも提言を渡すよう記されていた。

文書が書かれた50年代半ば、本土では米軍基地への反発が高まっていた。52年当時の本土の米軍基地は、面積比で現在の約17倍。沖縄国際大学の前泊博盛教授（53）は「海兵隊の主力部隊は56年までは岐阜と山梨両県に駐留していた。酒に酔って発砲したり、暴行事件を起こしたりするトラブルが多発し、沖縄への移駐が決まった」と説明する。

では、沖縄で米軍基地はどう増えたのか——。外務、防衛両省のほか沖縄県は「72年の本土復帰前は米国の施政権下で、基地面積の公的資料がない」とするが、断片的な記録を独自に調べた新崎盛暉・沖縄大名誉教授は「52～60年ごろに米軍基地は本土で4分の1に減る一方、沖縄では倍増。沖縄に米軍専用基地の74％が集中する現状へとつながった」と語った。

戦後70年を前に、集団的自衛権の行使容認など戦後の安全保障政策の大転換が進む。菅氏は言う。「沖縄に基地を集中させることで、文書の狙い通り、本土の国民の多くは安全保障に無関心になり、米国は極東に軍事拠点を確保し続けることができた。安保政策で重大な変更が起きても関心が低調な一因も、そこにあるのではないでしょうか」。

在日米軍基地をめぐる1950年代の主な動き

1952年 4月	サンフランシスコ講和条約発効で日本が独立を回復。同時に日米安全保障条約も発効
55年 5月	米国が山梨、岐阜両県に駐留していた海兵隊の沖縄移駐を発表
56年12月	米国務省内で"基地の不可視化"などを提言する極秘文書を発信
57年	海兵隊が沖縄のキャンプ・ハンセンを使用開始※
8月	米国防総省が日本本土から一切の地上戦闘部隊の撤退を発表
10月	海兵隊が沖縄の北部訓練場を使用開始
59年11月	海兵隊が沖縄のキャンプ・シュワブを使用開始

（在日米海兵隊のウェブサイトなどを基に作成）
※月は不明

見えぬ基地――福岡空港（旧米軍板付基地）

米極秘電文「有事の能力維持」

「あれは何だ」。ラッシュ時は1～2分間隔で離着陸が続く福岡空港（福岡市博多区）。滑走路を見渡せる高台に飛行機を見に来ていた会社員（34）は、思わず目を凝らした。旅客機に交じり、灰色の見慣れない巨大な機体が、黒っぽい排ガスを吐いて飛び去ったからだ。急いでスマートフォンで検索。

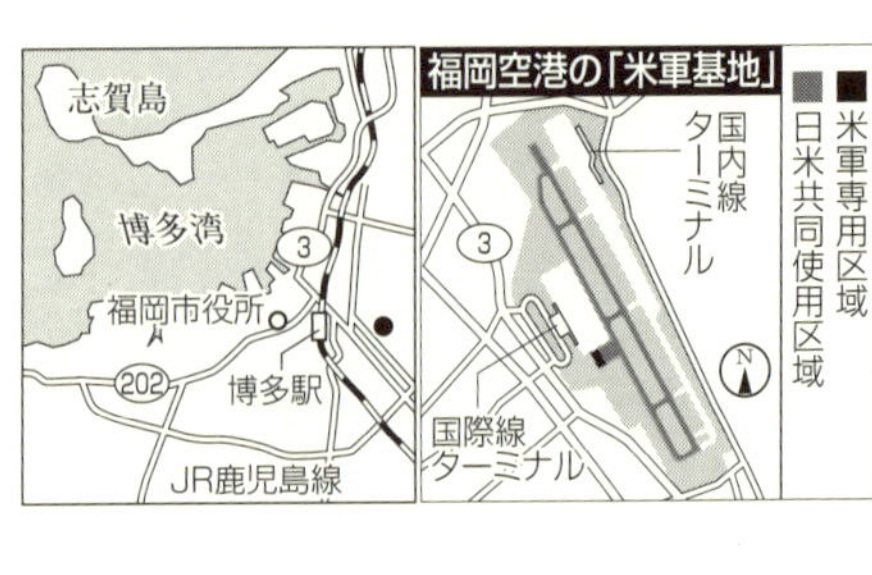

米軍のC130輸送機であること、そして空港内に「米軍基地」があることを知った。

国土交通省によると、米軍機は近年、連絡機を中心に年間50～70機ほどが飛来。着陸料は免除され、米軍は通常、着陸目的を公表しないという。同空港事務所の関係者は「1時間前までに通告すれば、いつでも利用できる」と話す。

福岡空港は、戦後に旧日本陸軍の飛行場が接収されて造られた米軍板付基地だった。朝鮮戦争やベトナム戦争時は幾多の戦闘機や偵察機が飛び立った。

福岡市史や新聞報道によると、住民11人が死亡する墜落事故など、1950年代だけで少なくとも12件の米軍機の事故が発生。62年には基地撤去を求める大規模な市民集会が開かれ、68年に起きた九州大（同市東区）へのファントム機の墜落事故で市民や学生による反基地運動が燃え上がった。危機感を強めた米軍は72年、敷地の大半と管制権を日本側に返還した。

だが、敷地の14・4％は今も「米軍基地」だ。空港西側の約2万2000平方メートルは、日米

福岡空港に飛来した米軍輸送機（福岡市博多区）

地位協定に基づく米軍専用区域（2条1項a）で格納庫が残る。滑走路と誘導路、一部の駐機場は、全国の民間空港で唯一、日米共同使用区域（2条4項b）に指定されている。

年間旅客数が2000万人に迫り、羽田、成田に次ぐ国内3位の福岡空港。周辺住民でつくる福岡空港地域対策協議会の相談役、渕上一雄さん（80）は言う。「72年に福岡空港に名前が変わったことで、基地が全面返還されたと勘違いしている人が多い」。市民の反基地感情は霧のように消えた。

取材班は今回、板付基地の撤去運動が高まっていた68年に交わされた米側の複数の極秘電文を確認した。同年12月19日に、ラスク米国務長官が在日米大使館に宛てた電文には「板付は必要な装備や要員を置き続け、任務を減らしながらも、緊急事態や戦争時には、軍事行動を拡大できる能力を維持する」との米政府の方針が記されていた。

基地不可視化の戦略

「朝鮮半島有事をにらんだ立地条件や諜報（ちょうほう）活動支援の観点から、板付基地は保持すべきだ」「管制権を日本に返還しても、軍用機の機種や任務を限定せず、基地をさまざまな形で使えるようにする」

取材班が確認できたのは、ファントム機の墜落事故後の1968年6～12月に、米国務省や米軍統合参謀本部、在日米大使館などが交わした極秘電文だ。そこからは、米側の明確な戦略が読み取れる。

軍事評論家の前田哲男氏（76）は「基地を一部だけ残し、有事に拠点化するのが米軍の狙い」と指摘し、「今後の福岡空港の位置づけに注視が必要だ」とくぎを刺す。

日米両政府が防衛協力指針（ガイドライン）の改定を進めているからだ。2014年10月8日発表の中間報告では、事実上日本周辺に限定していた「周辺事態」の地理的な歯止めを削除。集団的自衛権の行使を可能にする閣議決定を反映し、平時から有事までの「切れ目ない」対応や、自衛隊による対米支援拡大の方向が示された。

処理容量が限界に近づく中で、手狭になっている福岡空港。福岡市や市議会などでつくる「板付基地返還促進協議会」は、1955年から米軍の全面撤退を求め続けているが、もはや市民の関心は薄く、米側との交渉は進まない。

事務局長の鬼塚敏満市議(71)は空港のそばで育ち、米軍板付基地時代の返還運動の熱気と力を知るだけに、ため息をつく。「議員でさえ基地の存在を知らない人が少なくない。福岡市では基地問題という言葉が死語になってしまった」。

14年11月の沖縄県知事選で最大の争点となる、米軍普天間飛行場(宜野湾市)の名護市辺野古への移設計画。基地負担のシンボルである普天間飛行場が辺野古に移れば、県民意識にどんな変化が起きるのだろうか――。沖縄国際大(同)の佐藤学教授(56)は、本土で図られてきた〝基地の不可視

1950~60年代に米軍板付基地周辺で起きた主な航空事故

1951年 5月	米軍機が二又瀬のしょうゆ工場に墜落し、従業員や女子高生ら計11人が死亡
55年 6月	米軍機が二又瀬に墜落し、農作業中の主婦が即死
57年11月	米軍機の補助タンクが吉塚に落下し、1人が死亡
61年12月	米軍機が香椎に墜落し、4人が死亡
63年 1月	米軍機が離陸直後に爆発
68年 6月	米軍ファントム機が九州大構内に墜落
69年 1月	米軍機の付属部品が九州大前の民家に落下

福岡市史などを基に作成。事故現場はいずれも現在の福岡市域

化〟が、沖縄でも繰り返されることを懸念する。

最近、こんなことがあった。講義で佐藤教授が「普天間飛行場から辺野古までの距離は?」と尋ねた。学生の回答は「200キロでしょうか」。実際は40キロ足らずだ。もともと沖縄本島では、県人口の約8割が集中する中南部と、辺野古がある自然豊かな「山原(やんばる)」とも呼ばれる北部では、経済発展や県民意識の点で実際の距離以上の「距離」が指摘されてきた。

「中南部の人が北部に行く機会は少ない。辺野古移設が実現すれば、基地撤去を求めてきた県民世論が分断されかねない」。佐藤教授はそう話した。

嘉手納基地――不誠実な国の対応

沖縄にも、移転先にも

「実質的に地元の負担減につながるようにします」。在日米軍の再編で、米空軍嘉手納基地(沖縄県)のF15戦闘機訓練の一部を、本土の航空自衛隊基地に移すことが決まった2006年5月。防衛施設庁長官(当時)が地元の嘉手納町役場を訪れ、説明した。

極東最大の米空軍基地といわれる嘉手納基地は、旧日本陸軍の飛行場を米軍が占領して整備。戦闘機や空中給油機など計100機以上が常駐する。広大な基地は、町の発展を阻み、町民は騒音被害や墜落の恐怖に苦しめられてきた。

当時、町の総務部長を務めていた当山宏町長は「初めて示された具体的な負担軽減策。期待はあった」と振り返る。だが、それは裏切られた。「データが示す通り。町民が実感できる負担軽減ではない。国は米側に言うべきことを言ってほしい」と注文を付けた。

町民はどう受け止めているのか。基地北側の駐機場に近い屋良地区を歩いた。軍用機のエンジン調整音が鳴り響いていた。

「訓練移転？　うるさいまま。何も変わらないですよ」と地元でそろばん教室の講師をする石嶺紀子さん（52）。国への不信はそれだけではない。日米両政府は深夜・早朝（午後10時〜翌午前6時）の飛行を「必要最小限」とする騒音防止協定を結ぶが、町によると同地区では昨年度、この時間帯に1日平均6回の騒音（70デシベル以上）を確認。「国が何を言っても、もう気にしないですね」。石嶺さんは諦めたように笑った。

嘉手納基地を飛び立つF15戦闘機。手前は屋良小学校（沖縄県嘉手納町）

地区内には空き地が目立つ。騒音に耐えかねて転居した住民の土地を国が買い取ったのだという。「こんな所には住めないということさ」。庭で作業をしていた玉那覇（たまなは）裕正さん（74）が教えてくれた。「国はいつも口先だけ。できるなら自分も引っ越したいさ」。その声を、頭上を旋回するＦ15のごう音がかき消した。

国の説明に不信感を募らせるのは沖縄だけでない。14年10月6日、佐賀市役所。「米軍の移駐は基本的にありません」。そう説明する左藤章防衛副大臣に、秀島敏行市長が「基本的にとは何だ。移駐は絶対にないのか」と詰め寄った。

これに先立つ同7月、政府は佐賀空港に自衛隊が導入する新型輸送機オスプレイ17機を配備し、米軍普天間飛行場のオスプレイを暫定移駐させる構想を明らかにした。しかし、説明は二転三転。当初は米軍の移駐と訓練移転の双方を「視野に入れている」としたが、ほどなく「訓練移転を含めた活用」と表現を変えた。

左藤副大臣はこの日も、「米軍と具体的な話をしていない。とりあえず訓練移転をお願いしたい」。市民がより懸念する米軍の暫定移駐は、あるのか、ないのか。それを曖昧にする国を秀島市長は「不誠実さを感じる」と批判する。

「負担の中身」が分からないまま、受け入れを迫られる地元もいら立つ。国は同11月に佐賀市の校区自治会長への説明会を開催。その後、地元住民向け説明会を開く方向で調整している。空港から約4キロに住み、駐機場の候補地の地権者の一人、古賀初次さん（65）は「私たちの疑問に答えないなら意味はない。説明会を重ねても免罪符にはならない」とくぎを刺した。

「名ばかり」の負担軽減

米空軍嘉手納基地（沖縄県嘉手納町など）の騒音被害軽減などを目的にした、F15戦闘機訓練の本土の自衛隊基地などへの一部移転をめぐり、２００６年度の移転の前と後で、国の環境基準値を超える騒音（70デシベル以上）の1日当たりの平均発生回数はほとんど変わっていないことが、同町への取材で分かった。嘉手納基地所属の常駐機が本土に移動した分、国内外の他基地から軍用機が飛来しているとみられる。

防衛省と町によると、F15や空中給油機など嘉手納基地所属機の訓練の一部移転は07年3月に始まり、12年度までに計13回、延べ104日間実施。移転先は航空自衛隊の築城（福岡県）、新田原（宮崎県）など本土の6基地や国外などで、「沖縄県民の負担軽減」を目的に移転費用の4分の3を日本側が負担している。

だが、町が基地近くの屋良地区に設置する騒音測定器のデータでは、訓練移転前（01〜05年度）の1日当たりの平均騒音発生回数が107〜116回だったのに対し、移転後は06年度109回、07年度91回、08年度110回、09年度113回、10年度111回、11年度92回、12年度111回。2本ある滑走路のうち1本が工事で長期閉鎖された07年度と11年度を除くと、ほぼ横ばいだった。

新田原基地へ5機程度が訓練移転した09年2月下旬には、1日の騒音発生回数が08年度平均（110回）の2倍を超える日が3日間あるなど、「訓練移転の期間中、普段より騒音被害が増えることも珍しくない」（基地渉外課）という。

前知事時代に基地問題担当の沖縄県政策参与を務めた比嘉良彦氏（73）は「沖縄の負担軽減のためと聞くと、本土側は訓練移転を受け入れやすいだろうが、実効性のなさが証明された。米軍は、本

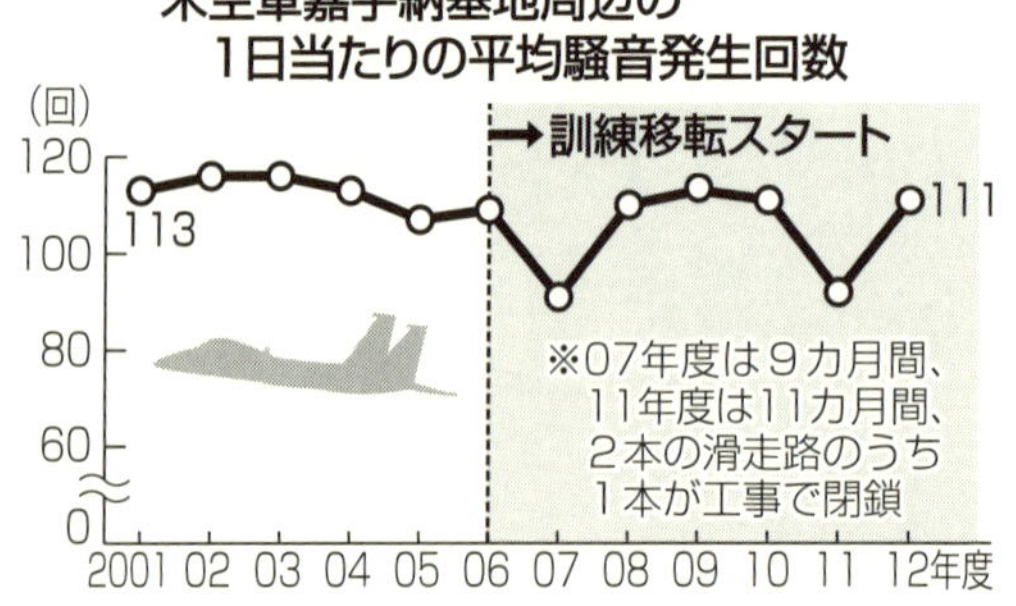

土の自衛隊基地を日常的に使える態勢づくりをしている。負担軽減を口実に本土の沖縄化が進むだけだ」と指摘した。

普天間飛行場の「県外移設」

総論賛成、各論反対

「本日は鳩山元首相も来ています」。2014年9月20日、米軍普天間飛行場（沖縄県宜野湾市）の移設先、同県名護市辺野古の海岸であった反対集会。主催者がそう紹介すると、5500人（主催者発表）が集まった会場から拍手が起こった。

政権交代を果たした鳩山由紀夫氏（67）は、移設先を「最低でも沖縄県外」とした公約を守れなかった。無念の退陣から4年余り。罵声も覚悟していた鳩山氏は会場の反応に安堵（あんど）し、回顧した。「県外移設こそが沖縄の民意。だが、日本中を探しても、基地を受け入れてくれる地域を見つけるのは至

ワードBOX　嘉手納町の騒音測定

嘉手納町は、嘉手納基地周辺の3カ所に航空機騒音測定器を設置。「人が不快に感じる」「血圧が上昇する」とされる70デシベル以上の騒音が5秒（2013年度からは3秒）以上続いた回数を「騒音発生回数」として記録。70デシベルは1メートルの距離で電話のベルが鳴るうるささ。環境省によると、航空機騒音についての国の環境基準は、住宅地57デシベル以下、それ以外の地域62デシベル以下。

難だった」。それを思い知る場面があった。

退陣直前の10年5月の全国知事会議。鳩山氏は「安全保障は国民全体の問題。米軍基地の負担を分かち合っていただきたい」と呼びかけた。だが、大半の知事は沖縄の負担軽減に理解を示しながらも、慎重姿勢を崩さなかった。

「知事会の見解」をまとめる際も議論が紛糾した。政府から具体的な提案があった場合は「協力していく」とする原案に「行き過ぎだ」との反対が続出。最後は「真摯（しんし）に対応していく」という表現に落ち着き、沖縄の地元紙は「各論反対の構図が鮮明になった」と失望感を示した。

当時、全国知事会長だった麻生渡・前福岡県知事（75）は「首相の要請が曖昧では手の挙げようがない。見解は具体的提案に前向きに対応するという意味で前進だった」と振り返った。

総論賛成だが、各論には反対。その図式が、沖縄の過重負担を放置してきた。長崎県大村市の松本崇（たかし）市長（73）も、負担受け入れに不可欠な「住民合意」の壁の厚さを体験した一人だ。

辺野古移設に反対し、ガンバローを三唱する参加者（2014年9月20日、沖縄県名護市辺野古）

自衛隊基地を抱え、自衛隊関係者が市人口の1割を占めるとされる大村。鳩山政権時代、その〝自衛隊の街〟は普天間飛行場の基地機能や訓練の移転先として取りざたされた。きっかけは、「聞く耳は持つ」と語る市長インタビューを載せた10年1月の沖縄の琉球新報の報道だった。当時、沖縄選出の与党議員と会談した真意を「大村は自衛隊に対する感情も良い。国益になるなら具体的な議論をしたかった」と語る。

記事から40日。燎原（りょうげん）の火のように反発が広がった。米軍基地の騒音や事件被害を懸念する市民の声が強まり、市議会は反対を決議。最後は、市民有志が集めた約８６００人の反対署名に自ら名を連ねた。「政治家は民意に反して落選すれば終わり。あれ以上は厳しかった」と声を落とす。

普天間移設に向け、14年8月に辺野古沖で始まったボーリング調査。琉球新報の世論調査で沖縄県民の8割が「作業中止」を求めるが、政府は工事推進の姿勢を崩さない。沖縄国際大名誉教授の石原昌家氏（73）は「沖縄がいくら反対しても移設を強行する。その政権を、国民の半数が支持している。沖縄に基地を押し付けているのは、本土の民意ではないか」と怒る。

松本市長は「日本を取り巻く国際環境は激変した。安全保障を他人任せではなく、それぞれの地域が自らの問題として考えないといけない」と強調する。

県外移設断念――鳩山元首相「未熟さ謝罪」

鳩山由紀夫元首相は14年10月、西日本新聞のインタビューに応じ、米軍普天間飛行場の移設先を「最低でも沖縄県外」と公約しながら断念したことについて「首相としての未熟さを謝罪したい。官

普天間飛行場の移設先は「海外にもっと固執していたら、どうだったかなという思いは残る」と語る鳩山由紀夫元首相

僚不信があり、政府全体を動かす力が不足していた」と述べた。同年11月の沖縄県知事選は「反対派が勝てば名護市辺野古への移設は続行できない。米国の民主主義も続行を許さないだろう」と語った。

鳩山氏は民主党代表として09年8月の衆院選で勝利し、同9月に首相に就任。辺野古以外の移設先を探したが、10年5月に断念。退陣につながった。

県外移設を断念した一番の理由に「海兵隊の運用上の制約」を挙げた。「移設先のヘリ基地は、地

鳩山由紀夫氏と米軍普天間飛行場問題

2009年	9月16日	「国外か、最低でも県外移設」と訴えて政権交代を果たし、鳩山内閣が発足
	10月 7日	日米合意に基づく県内移設計画の容認を示唆
	11月13日	日米首脳会談でオバマ大統領に「トラスト・ミー（私を信じて）」と語る
10年	5月 4日	沖縄県を訪問し、仲井真弘多知事らに「県内移設」の考えを初めて明かす。県民は猛抗議
	5月27日	自身の要請で都内で開かれた全国知事会議で、沖縄の負担軽減への協力を要請
	6月 4日	移設問題迷走などの責任をとり、内閣総辞職

上部隊の訓練場がある沖縄から65マイル（約１０４キロ）内になければならないというのが米軍側の決まりだと、防衛省の担当者から説明された。65マイルでは県外移設は無理。最近、佐賀空港移設案が出てきて、だまされたと思った」と述べた。

また対米交渉の過程で、官僚と確執があったことを吐露。「官僚は一度決めたことは守るべきだという習性が強い。（米の機密文書を暴露した民間の内部告発サイト）ウィキリークスでも、日本政府の一員でありながら私に進言するのではなく、米側に鳩山政権の政策を否定するよう働き掛けていたことが明らかになっている」と語った。

09年11月の日米首脳会談でオバマ大統領に伝えた「トラスト・ミー」（私を信頼してほしい）の真意は「日米安保は守るが沖縄の民意もある。他の移設先を探すから信頼してくれという意味だった」と釈明。日米関係について「しっかり議論すればそれを認める度量が米側にはある。それをしないのは日本側に原因がある。大統領と徹底的に協議する時間が取れなかったのが残念だ」と述べた。

普天間の移設先については「住民合意が難しく、国外移設しかない」との認識を示した。

基地の街、沖縄と佐世保――戦争の痛みに温度差

「26年間の誠実な勤務に対し、在日米陸軍を代表して贈呈します」。米軍基地の元従業員、知念幸栄（こうえい）さん（66）＝沖縄県沖縄市＝の自宅には、２０１２年の退職時にもらった感謝状が誇らしげに飾られていた。

だが、取材は意外な言葉から始まった。「（基地従業員は）国の安全保障の一翼を担っているという人もいるが、そうは思わないさ。負の遺産を管理してきただけだよ」。職場は嘉手納弾薬庫だった。砲弾、地雷、手投げ弾……。日本人15人で62棟を管理した。在庫を細かく調べ、上部機関に毎月報告するのが知念さんの任務だった。

戦争が始まると忙しくなった。2003年に始まったイラク戦争では残業が続き、ストレスで痔になった。「あの時は小銃弾が多く出た。倉庫が空っぽになるぐらいよ」。こんな話をする同僚がいた。「この弾が戦地に送られ、住民が殺される。僕たちは加担しているんだよ」と。つらくなるから、知念さんは想像しないようにしたという。

今、心配なのは、13年に成立した特定秘密保護法のことだ。以後、昔の話をするのが少し怖い。「大丈夫って言われてもね。ファジーにしておいて、みんなが恐れるのを政府は狙っている気がするよ」。

米軍の新型輸送機オスプレイが配備された、普天間飛行場がある沖縄県宜野湾市。伊波洋一前市長（62）は14年6月、都内の講演で訴えた。「辺野古の新基地建設や、南西諸島への自衛隊配備は中国との緊張を高めるだけです」。

伊波さんには忘れられない記憶がある。01年の米中枢同時テロ後、沖縄の米軍基地は厳戒態勢を敷いた。普天間飛行場のゲート前では入場車両のチェックが徹底され、順番待ちの車列で周辺が渋滞。修学旅行のキャンセルが相次ぎ、沖縄観光は打撃を受けた。

「基地が集中することによって、沖縄は常に米国の戦争を身近に感じてきた。そこが本土と違う」。

伊波さんは、米国との防衛協力を強める安倍政権への危惧が沖縄では高まっていると繰り返した。

沖縄の海兵隊を有事には戦地に運ぶ揚陸艦の母港・長崎県佐世保市。米海軍佐世保基地で14年9月、関武久さん（86）＝同市＝の誕生会を基地幹部ら約30人が開いた。関さんは、米海軍の友好団体・ネイビーリーグ佐世保日本人会の会長。交流会を開いたり、帰港する米艦船の出迎えをしたりしている。

沖縄の基地を見学したこともある関さんは、佐世保との違いを語る。「沖縄では戦闘機が爆音を上げて飛び、実弾演習もある。ここでは艦船がすーっと入港し出港するだけ。市民に迷惑を掛けることも少ない。だから反発も少ない」。

米軍の原子力空母エンタープライズが国内初寄港した1968年、佐世保は、各地から集まった学生や労組のデモ隊と警官隊が衝突した歴史を持つ。市民も学生たちを応援した。あれから46年。反戦運動をけん引した労組は細り、若者の政治離れも進んだ。その歴史を見てきた早稲田のり子市議（71）は「戦争を知る世代が減り、基地や戦争を自分の問題として伝える難しさを感じている」と話した。

苦痛生む安保の矛盾——日米地位協定

案内役の米兵とジャングルをかき分け、たどり着いた事故現場には、樹木の黒い焼け跡が残っていた。沖縄県宜野座村役場で基地問題を担当する職員、末石広樹さん（29）は2014年8月13日、村内の米軍キャンプ・ハンセン演習場に入った。1年前に米軍ヘリが墜落、炎上した場所だ。そばに村民の飲料水の3割をまかなうダムがあり、水源の安全性を最終確認した末石さんは「やっと取水を再開できる」とうなずいた。

2013年8月の事故直後、村は取水を停止。機体の有害物質が漏れた恐れがあるためだが、米軍は日本側の現地調査を認めようとしなかった。「村有地なのに、なぜ入れないのか」。何度も立ち入り調査を求める村に対し、米軍は基地の「排他的管理権」を定めた日米地位協定を盾に拒んだ。

その後、米軍の調査で環境基準の74倍の鉛や21倍のヒ素を検出したことが判明。米軍が土壌採取を許可したのは汚染土壌の除去後だった。取水再開までの1年余り、村は約700万円を投じて別のダムから水をくみ上げざるを得なかった。

「日米地位協定の壁の厚さを痛感したのは二度目です」。末石さんは唇をかむ。沖縄国際大（同県宜野湾市）の1年生だった04年、キャンパスに米軍ヘリが墜落。米軍は地位協定を理由に構内を管理下に置き、末石さんたちを校舎に近づかせなかった。

沖縄では「憲法より、日米安保条約が上位にある」とやゆされる。公務中の米兵や軍属の犯罪は

米軍基地の跡地にあるサッカー場から、正体不明のドラム缶を掘り出す作業員（2014年1月、沖縄県沖縄市）

第1次裁判権を米側が握る規定、早朝・夜間の米軍機の飛行容認、米軍機騒音訴訟での損害賠償金の日本側の肩代わり……。国民を守るはずの安保条約が、住民を苦しめる矛盾――。

基地の環境汚染も例外ではない。地位協定では、米軍基地で有害物質廃棄の疑いがあっても自治体に立ち入り調査権はない。米軍は、基地返還後の原状回復の義務も負わない。

米軍から既に返還された区域にある沖縄市のサッカー場で13年以降、猛毒のダイオキシン類を含むドラム缶が80本以上発見された。2億円に上る原状回復費の財源は、国民の血税だ。

沖縄県は14年度、基地の環境問題に取り組む特別対策室を設けた。米軍再編の日米合意が実現すれば、基地返還が相次ぐ可能性があるからだという。返還後の迅速な跡地利用をにらみ、基地ごとの「環境カルテ」を作る計画だ。

「米国への情報公開請求のノウハウを教えてください」。同4月、対策室の仲宗根一哉室長(56)が梅林宏道・長崎大核兵器廃絶研究センター長(77)のもとを訪れた。梅林氏は、日米の情報公開法を駆使して在日米軍の実態を解明してきた市民運動家。その手法を参考に、基地の化学物質の使用履歴などを探る作戦だ。

日米両政府は同10月20日、地位協定を補う「環境補足協定」締結に大筋合意したと発表した。返還予定基地の地元自治体に、事前の立ち入り調査権が与えられる見通し。地元が目を凝らすのは、協定が実効性を伴うかだ。仲宗根室長は「米軍は正面からは情報を出そうとしない。からめ手から情報を集めます」と力を込めた。

本土メディアは基地問題の本質を伝えているか

2014年8月。沖縄県の普天間飛行場の移設先・名護市辺野古で始まったボーリング調査。それを伝えるニュースにテレビ西日本（TNC、福岡市）の岸本貴博記者（40）はくぎづけになった。「今回は政府は本気だ。阻止できるだろうか」。

政府の調査着手は04年以来、10年ぶり。前回は、市民団体による海上阻止行動で中止に追い込まれた。当時、沖縄の琉球朝日放送（QAB）の記者として、作業船と市民のカヌー隊の衝突を緊迫の現場から何度も伝えた。「沖縄メディアは偏向していると批判される。でも、一方に日米両政府という圧倒的権力がいて、片方に声を上げても届かない市民がいる。バランス良く伝えることが公平なのか」と言う。

父親が沖縄出身で愛知県で育った岸本さんは大学卒業後、QABに入社。11年にTNCに移った。沖縄時代に仕事の8割を占めた米軍基地や安保問題の比重が、今はほとんどないという。米軍基地が少ない九州では、それが地域の課題ではないからだ。「その分野のニュースの量が少なく、住民の関心が低くなるのは仕方ない」と語る。

一方で、本土でも沖縄でも暮らしたからこそ、強く思う。「日米安保は日本全体のためにあるはず。小さな沖縄に過重負担を負わせ続けるのは不条理だ」。

14年は、普天間飛行場の米軍ヘリが沖縄国際大に墜落した事故からも10年。地元の新聞・テレビは

04年当時、危険と隣り合わせの現実を連日詳しく伝えた。

報道にも、本土と沖縄には温度差がある——。同大の付属研究所が05年、全国のメディアが事故をどう伝えたかを調査。全国の80社に質問状を送り、45社から回答があった。

当時、米軍は墜落現場を封鎖し、日米地位協定を盾に県警の現場検証を拒み続けた。調査代表だった同大名誉教授の石原昌家さん（73）は「本土メディアでは、総じて巨人軍の渡辺オーナー辞任やアテネ五輪の報道が優先された。日米安保の矛盾が噴き出す事態にも敏感とは言えなかった」と振り返った。

なぜ米軍ヘリは墜落したのか。その疑問に答えようと05年、元毎日新聞記者で当時、ネット新聞「日刊ベリタ」の編集長だった永井浩さん（72）＝東京都＝は『沖縄基地とイラク戦争——米軍ヘリ墜落事故の深層』を出版した。

調べると、事故機はイラク戦争への出撃準備に追われて整備に不備があった可能性が高いことが分かった。沖縄の新聞は伝えていたが、本土メディアでは、米軍ヘリ墜落の背景を問い、日本と極東の平和維持が役割のはずの在日米軍がイラク市民の殺りくに関わる矛盾への視点が不十分だと指摘した。

「ベトナム戦争報道が示すように、戦争報道には多角的な視点が大切なのに、沖縄から目をそらすことで米国の色眼鏡でしか世界を見られなくなっている」。永井さんは、メディアが権力寄りの姿勢をどんどん強めていると危惧する。

今、新著の準備を進めている。タイトルは『戦争報道論』（14年12月、明石書店刊）。報道の裏側を読み取る重要性を伝えたい。「小さな挑戦ですが、何もしないではいられませんから」と笑った。

思いやり予算――ゲートの先の見えない負担

特別に許可を得て迷彩服の米兵が守るゲートを入ると、アメリカの街が広がっていた。極東最大といわれる米空軍嘉手納基地。片側2車線の「ダグラス通り」を進む。標識や看板はすべて英語。広い芝生の住宅が建ち並ぶ。狭い土地に民家が密集するフェンスの外とは別世界のようだ。

広さ1985ヘクタール。ヤフオクドーム（福岡市）28 4個分の基地は、米兵と家族ら約1万9000人の職場であり、暮らしの場でもある。日本人従業員約3000人も働く。計七つの小中高校や、米国製商品が豊富なショッピングセンター、映画館もそろう。日本人の広報担当者は「米軍は、世界中の基地にアメリカを持って行くんですよ」と説明した。

こうした基地内の施設や米軍の暮らしについて、在沖縄米海兵隊の報道担当、ケイリブ・イームス大尉（37）は「命を懸けて任務に出る者に対し、米政府が生活しやすい環境をつくっている」と強調する。その財源の多くは、日本政府の

米空軍嘉手納基地内を走るダグラス通り。スクリーンの中のアメリカの風景のようだ

「思いやり予算」だ。

家族住宅や映画館の整備費、日本人従業員の給料、基地内の光熱水道費などを幅広く負担してきた。1978年当時の金丸信防衛庁長官が「在日米軍に思いやりを持って対処する」と国会で説明し、日本人従業員の福利厚生費など62億円を負担したことが源流。額はどんどん膨らみ、ここ数年は毎年1850億円前後で推移している。

今、進められている在日米軍の再編に絡んでも、日本側は新たな負担をする。普天間飛行場の移設費用として少なくとも3500億円。在沖縄海兵隊がグアムに移転する経費も28億ドルを上限に支出する。国外の米軍基地の整備費を負担するのは初めてという。

財務省によると、2002年の駐留米軍に対する日本の負担額は、ドイツの2・8倍、韓国の5・2倍、イタリアの12倍に上る。それでも、日米同盟のコストを試算した著書がある防衛大学校の武田康裕教授は「日本単独で防衛することに比べれば、はるかに安上がりだ。多額な支出は米国に見捨てられるリスクへの対応でもあり、決して無駄遣いではない」と強調した。

「外国の軍隊が来る。ショッピングセンターや住宅の建設費もアメリカ人の税金だ。どう思うかい?」。米国人で青山学院大講師のリラン・バクレーさん(50)=神奈川県=は2013年、米ロサンゼルスで通行人に尋ねた。監督するドキュメンタリー映画「ザ・思いやり予算」の撮影だった。「無駄遣いだ」と怒る相手に「実は日本の話」と明かすと、「なぜ日本人は反対しないのか」とあきれられた。

約20年前に来日。イラク戦争で母国に失望したことをきっかけに、思いやり予算とそれに無関心な日本人に疑問を持った。東日本大震災の被災者が在日米軍の暮らしを知り、「仮設住宅は隣のくしゃみが聞こえるほどなのに……」と嘆く声などを盛り込んだ。

バクレーさんは「税金で米軍を支援することは、米国の戦争に加担することと同じ。日米安保について真剣に考えてほしい」と話す。近く完成する映画は、各地で上映する計画だ。

沖縄独立論──負担減らず深まる溝

「基地が戻ってきたら、どの分野に力を入れたいね？」「教育かね」「観光も大切さ」。2014年7月、沖縄県宜野湾市の伊佐公民館であった地元自治会主催の勉強会。会社員や主婦など住民約10人が、基地返還後の跡地利用などを語り合った。

沖縄戦後、この地区の住民は米軍に土地を強制接収された歴史を持つ。2年前に開いた地域の歴史講座をきっかけに勉強会を発足。半年に1回、地域づくりや基地問題で議論を交わす。沖縄独立論もテーマだ。

政府は同8月、普天間飛行場の移設先、名護市辺野古で地質調査を始めた。琉球新報の県民世論調査では8割が「作業中止」を求めたが、政府は工事推進の方針。沖縄の声を意に介さない姿勢に、県民はいら立ちを深める。

「もう独立を真剣に考えたいくらいさ」と発起人の自営業男性（52）は言う。沖縄タイムスは同9月の社説で「変化しつつあるのは、県民の中から、かつての（酒席だけの）『居酒屋独立論』の時代とは異なる、地に足がついた自立への取り組みが見られることだ」と書いた。

英国からの独立を問うスコットランドの住民投票があった14年9月。沖縄の地元2紙は過重な基地負担が続く地元の問題に引きつけ投票前から厚く展開。結果が出た同20日朝刊で識者の分析や市民反応などを5ページにわたって掲載した。

記者を現地に派遣した琉球新報の松元剛報道本部長は「独立はかなわなかったが、自治権拡大を英国政府に約束させた。沖縄でも参考になる動きとして読者と考えたかった」と語る。

～唐の世から大和の世、大和の世からアメリカ世、ひるまさ（珍しいほど）変わるこの沖縄～。大国の都合で何度も世替わりを余儀なくされた沖縄の歴史を嘆いた民謡だ。「もう黙っていられない」と、地元の大学関係者ら約20人が13年5月、沖縄独立に向けた研究学会を設立した。共同代表の松島泰勝龍谷大教授（51）は「日米安保の利益だけを得て、沖縄に基地を押しつける構図は差別だ。政府に頼るのをやめ、国際法を吟味して独立できないかを研究している」と語る。

だが独立論を「ロマンはあるけど、現実味がないさ」と笑う県民はなお多い。沖縄のお笑い芸人、小波津正光さん（40）もその一人。沖縄国際大に米軍ヘリが墜落した04年、基地問題への本土国民の無関心を皮肉ったコントを東京で披露すると、大うけした。以来、笑いを通して基地問題を知ってもらおうと舞台に立ち、10年目。

最近、よく披露するコントがある。女性アイドルグループの人気投票をまね、全国の知事が参加するじゃんけん大会を年1回開く。そして、ビリの県に米軍基地を移す――。「それぐらいしないと、本土の人は基地問題を真剣に考えてくれないさ」。ジョークと思える発想だが、真顔だ。本土復帰から42年。いまだ続く不条理への心の痛みは、独立論を語る人と同じだ。

第5章　日米同盟を問う
――11・16沖縄知事選

なぜ沖縄に在日米軍基地が集中するのか。その理由として、沖縄は軍事上、「太平洋の要石」と呼ばれてきたが、それは本当なのか。そして、日本全体を守る安保政策の柱とされる日米安保条約の過重な負担を、小さな沖縄に背負わせ続けることが許されるのか。2014年11月16日投開票の沖縄県知事選を前に、そうした疑問を、沖縄の基地問題や安全保障に詳しい専門家に聞いた。「沖縄の基地の重要性は増している」と語る元防衛省事務次官から、「基地の返還を阻んでいるのは、日本政府だ」と主張する元沖縄県知事まで、立場はさまざま。紙面掲載は2014年11月5～14日。

九州も応分の負担を

元中国大使　宮本雄二氏

——中国への脅威論が高まっているが。

「中国はこの20年ほど、ほぼ年率10%を超えて軍事費を増大してきた。2012年から尖閣諸島をめぐって日中関係が急速に悪化し、両国の軍事力が直接向き合った。戦後の国際対立は米ソも、米中も、主役は米国で日本は脇役。そういう意味で、日本は戦後初めて自分自身の安全保障問題に直面したと言える」

——どう対応すべきか。

「中国の最大の問題は、増大する軍事力を何のために、どう使うのかという説明を世界に対し、できていないことだ。それが世界に脅威を与えている。中国が尊敬される指導的な国を目指すのなら、そこをクリアしなければだめだと、国際社会と協力して中国を説得し続けていくしかない」

——日本外交の現状をどう評価するか。

「全ての主要国との関係をきちんとやることで、日本外交は最大限の力を発揮できる。今、中国との関係が欠落しているのは、日本外交の全体の力を弱めていると思う」

——対米関係は、追従外交だと批判されてきた。

「米国にノーと言うなら、米国が納得するノーじゃないといけない。ミャンマー大使時代、日本は米国との関係で援助を減らした。一方、タイは米国が望むイラクに戦闘部隊を送りミャンマーとの関係を守った。米国との同盟関係を維持したければ『それは嫌です』『これもノーです』という世界はない」

――普天間飛行場（沖縄県宜野湾市）の辺野古移設計画をどう考えるか。

「出発点は、住宅が密集する飛行場周辺の危険性の除去です。辺野古がノーなら実現可能な代案がなければ無責任だ。一方で沖縄の基地負担は圧倒的。日米安保が必要なら、本土も負担を増やすべきだと考えてきました。とりわけ、地理的に沖縄に近い九州は応分の負担を引き受けざるを得ないと思う」

――基地負担の受け入れは住民合意を得るのが難しく、ハードルが高いが。

「沖縄大使時代（04～06年）に九州のある知事に『もう少し沖縄の負担を引き受けてくれませんか』と手紙を出した。基地に関する全国知事アンケートが新聞に載り、軒並みノーという回答の中で彼だけが意思表明していなかった。沖縄に理解があると思い、手紙を書いた。返事はよく覚えていません」

「沖縄は明治期に日本に併合され、太平洋戦争の地上戦（沖縄戦）で多くの県民が亡くなり、戦後も米国の施政権下に置かれた。一番ショックだったのは、沖縄の人から『2000年にサミットを沖縄でやってもらい、やっと自分は日本人だと思えた』としみじみ言われたこと。沖縄の歴史を学ぶほどに心が痛む」

▼みやもと・ゆうじ　福岡県生まれ、68歳。1969年に外務省入省。軍縮課長、中国課長、ミャンマー大使、沖縄担当大使、中国大使などを歴任。現在は宮本アジア研究所代表。

沖縄基地の増す重要性

元防衛省事務次官　守屋武昌氏

――米軍普天間飛行場の名護市辺野古への県内移設計画に、沖縄で反対が続いている。

「国は移設先について、沖縄県知事、名護市長の合意を得た上で環境影響評価の手続きを進めてきた。2013年12月には知事の埋め立て承認を得て、キャンプ・シュワブ内で作業を行っている。長い間、国と沖縄県の間で法的手続きを踏み、積み上げられてきた事実を変えることはできない」

――沖縄に米軍基地を大規模に集中させる軍事的な必然性はあるのか。

「国内総生産（GDP）世界2位となった中国が、東シナ海、南シナ海で力によって領域を変えようとしている。二つの海域に一番近接している沖縄をはじめとする各地の自衛隊、米軍の基地は域内の紛争を抑止し、平和を維持するために大きな役割を担っている」

――安倍晋三政権による集団的自衛権の行使容認は日米同盟の強化が目的か。

「『日本は米国に守ってもらっている』という人がいるが、自虐的な考え方はやめるべきだ。米国は太平洋国家だが、ハワイやグアムから東シナ海まで7000キロ、南シナ海まで1万キロも離れている。太平洋軍司令部があるハワイのオアフ島から日本まで飛行機で10時間もかかる。中東をにらんでも沖縄基地の重要性は増している」

――同盟強化で米国の戦争に引きずり込まれるのでは、という懸念がある。

「それは違う。米国ほど兵士の損失を恐れる国はない。海軍、海警、漁船など中国の数による進出の企てを止めるため、域内の国々が防衛協力をし合うことが目的だ。オーストラリアも、この輪に入ってくると思う」

「安倍首相がそれ（憲法解釈の変更）を打ち出したのは、これらの海域で自衛隊が行動し、他の国々と防衛協力できるようになるには数年単位の時間を要するからだ。日本とは海象や気象が異なる場所で、自衛隊が行動するにはその克服が重要になる。遠く離れた場所での整備や補給をどうするのか。作戦計画を作り、部隊を動かしてみて計画の無駄や不可能な点が分かる。何度も計画・訓練を実施して初めて、対処力、抑止力となる。最低でも3、4年はかかる」

――外交・安保は国の専管事項というが、全権委任ができるほど信頼がない。

「専管の意味は、国家間の交渉をやるのが国と国の責任者だということ。国民は外交・安保の知識をきちんと持っておかなくてはいけない。戦争放棄と、陸海空その他の戦力の不保持を定めた憲法9条の下で、長く平和を享受できた日本では、防衛力の必要性や安全保障問題の難しさに国民の関心が向けられることが少なかったと思う」

▼もりや・たけまさ　宮城県生まれ、70歳。1971年に旧防衛庁に入庁。防衛局長、事務次官などを歴任し、普天間移設計画に携わる。著書に『普天間交渉秘録』『日本防衛秘録』。

基地返還を政府が阻む

元沖縄県知事　大田昌秀氏

――米軍普天間飛行場の辺野古移設計画をどう考えるか。

「知事在任中の1996年、日米両政府は沖縄県内の米軍11施設の返還に合意した。しかし、うち7施設については、代替施設を県内に設けることが前提で、普天間もその一つだった。新たな施設を造れば基地は固定化され、沖縄は永久に基地と共存しなければいけない。だから、私は辺野古移設は絶対にだめだと言っている」

――政府は、県外移設は難しく、辺野古に移さなければ人口が密集する普天間の固定化になると言う。

「それは違う。知事時代、交付金や振興策を目当てに『基地を受け入れたい』と私の元に要請に来た本土の人たちもいた。もちろん本土よりグアムやハワイ、米国本土への移設が最善。日本政府が県内移設の方針を変えないだけだ」

「政府は日米安保体制の維持を最重視している。だが、沖縄には移設に命懸けで抵抗しようとする人もいる。国と反対派の衝突で血が流れる事態になれば、その後に何が起きるか分からない。安保体制を脅かすこともあり得る。次の知事は安保問題に正面から取り組まないといけない。当選後に態度を変える候補者がいるかもしれないけれど」

――知事時代の96年、沖縄県内の基地を2015年までに全面撤去させる基地返還アクションプログラムを策定したが。

「朝鮮半島や台湾などアジア太平洋地域の情勢を分析して、全面返還が可能だと判断した」

――なぜ返還が進まないと考えるか。

「米軍なしに国土を守れないと考える日本政府が、米国に駐留を頼むからだ。尖閣諸島をめぐる問題も政府があおっているだけ。日米両政府は、沖縄の住民を犠牲にして安全保障政策を進めてきた。日本政府は本土を守る手段として沖縄を使い、米国も沖縄をアジア太平洋の要石と呼ぶ」

――本土に対する思いは。

「本土の人は、普天間が辺野古に移れば基地問題は終わると考えているのかもしれない。国会で圧倒的多数の本土の議員は、自らのこととして取り組んでくれない。民主主義の名において、皮肉にも（人口が少ない）沖縄が差別される構造が出来上がっている」

――怒りはどこへ向かう。

「沖縄独立論が真剣に唱えられるようになった。政府が沖縄の訴えを聞いてくれないから、独立して国際機関に解決を求めようという発想だ。英国からの独立を問うた14年9月のスコットランドの住民投票では、沖縄からも大学教授などが現地調査に出掛けていた。辺野古への県内移設が強行されれば、独立論はますます広がるだろう」

▼おおた・まさひで　沖縄県生まれ、89歳。1990年から沖縄県知事を2期、2001年から参院議員を1期務める。現在はNPO法人沖縄国際平和研究所の理事長。

県内移設に合理性なし

元内閣官房副長官補　**柳沢協二氏**

――米軍普天間飛行場の移設計画は、もともと人口が多い飛行場周辺の危険性除去が目的だった。なぜ迷走が続くのか。

「危険性の除去が狙いなら他の方法もある。もめているのは、沖縄に海兵隊がいなければならない理由が地元で納得されていないからだ。私の体験でも、必然性のある政策なら反対があっても実現できる」

――沖縄の海兵隊は、有事への抑止力だと説明されてきたが。

「ソ連が仮想敵の冷戦時代は、海兵隊が近くにいることに意味があった。近くにいれば報復を恐れて手を出せない。今は、近くにいるより有事にいかに機動的に展開できるかが重要。相手の射程外から、どう攻撃するかに米軍戦略が変わってきている。中国や北朝鮮のミサイル攻撃の脅威を考えれば、沖縄は近すぎて脆弱(ぜいじゃく)性が高い。住民の反対が多い県内移設にこだわることに、今や政治的にも軍事的にも合理性がない」

――ならば、なぜ政府は辺野古移設を諦めないのか。

「米国は『移設できないなら普天間固定化だ』という姿勢。日本政府がこだわっている。今までの積み重ねの上で官僚は仕事をしているからだ。そこに官僚の限界がある。国内に受け入れ先がないから結局、移設先は米国しかない。政治的にはハワイとか米本土の方が、はるかに実現可能性が高いと思う」

――著書に「政府は基地に伴う矛盾を沖縄に封じ込め、不可視化を図ってきた」と書いた。基地負担を沖縄に集中させることで、本土の国民は外交・安保に無関心でいられたのか。

「国民だけでなく、役人も政治家もそう。沖縄の票を諦めれば、米国が抑止力と言っているんだから、それで正当化してね。それ以上、騒音とか、街の発展が基地によって阻害されることとかの、矛盾を解決しようという意欲を持たない。国民をだますつもりで沖縄に基地を集中させているんだったら、まだいい。防衛官僚にも政治家にも、そういう認識さえないのかも。米軍の抑止力と言った途端に思考停止する。問題の深刻さは、そこにある」

――知事選の結果は辺野古移設に影響するか。

「何度も何度も政府間で同意したことを覆すには、よほどの理由がいる。だから、私は反対派の人たちに『知事選は圧倒的に勝ちなさい』と言っている。勝つか負けるかじゃなく、いかに勝つか。ダブルスコアで勝てばワシントンもびっくりする。そうすれば日本政府も動く。海兵隊が沖縄にいる軍事的合理性がない以上、辺野古移設を受け入れるかどうかは住民の意思で判断すべきだ。政府がごり押ししてはいけない」

▼やなぎさわ・きょうじ　東京都生まれ、68歳。旧防衛庁で官房長などを務め小泉―麻生の4政権で内閣官房副長官補（安全保障など担当）。現在、NPO法人国際地政学研究所理事長。

強固な同盟が挑発防ぐ

元防衛相　小野寺五典氏

――集団的自衛権の行使を容認する閣議決定が日米同盟に与える影響は。

「日米双方にとって大きな意味がある。日本の防衛のために日米が具体的にどう協力するかということを防衛協力のガイドラインという形で作ってきたが、『こういう場合には集団的自衛権に当たるかもしれない』ということで議論できなかった部分が正面から議論できる」

「例えば北朝鮮の弾道ミサイル防衛のため、日米で協力してミサイル防衛システムを作っている。米の早期警戒衛星やイージス艦、日本のレーダーサイトが連携し防衛している。どちらか一方が失われれば防衛上大きなマイナスだ。（米艦など）米軍の装備品を防護することも日本の防衛に必要な時代になっている」

――政府は「日本の安全保障環境が厳しさを増している」と強調するが、大臣の在任中、肌で感じたか。

「就任直後に中国海軍の艦艇から自衛隊の艦船に（射撃管制用の）レーダー照射（2013年1月）があったし、北朝鮮が核実験（同2月）を行った。多くの中国軍機が日本の防空識別圏の中を飛行し、東シナ海では中国公船による領海侵入が繰り返されている。緊張の日々が続いた」

「国籍不明の潜水艦が潜ったまま、日本の領海すれすれまで航海してきたことがある。北朝鮮の不審船事案の時など過去2回しか出したことのない『海上警備行動』を出すのか、出すとしたらいつかなど、2日間にわたり、幹部とあらゆる事態を想定した。さらに、北朝鮮が日本に対して威嚇的な発言をし、ミサイル攻撃への対応も同時進行していた。『両面作戦』を迫られ、とても神経を使った」

――なぜ、日本の安全保障環境は厳しくなったのか。

「民主党政権時代に、日米の首脳間で約束した米軍普天間飛行場の移設問題が二転三転し、米からの不信感が積み重なった。日米関係は脆弱(ぜいじゃく)になり、そこを周辺国が突いてきた。日本が見くびられた結果だ」

「防衛力では米は今でも世界で圧倒的なパワーを持っている。そこをしっかり踏まえ、米との関係を再構築し、日米同盟を強固なものにすれば挑発的な行為は出てこなくなる」

――普天間の辺野古移設が万一頓挫すれば、日米関係にどんな影響が出るか。

「日米同盟に与える影響より、普天間の固定化につながる影響の方がより大きい。沖縄県民の負担、危険の除去につながらない」

――国民の安全保障に対する関心は決して高くない。

「日本は平和国家として歩んできた。これは誇ることだ。その半面、国民は有事を想定しない。ただ、日本は災害が多く、自衛隊が活動する場面も多い。災害訓練に日米の共同訓練を入れているが、そうした機会を通して自衛隊の役割、日米共同の役割も、国民に理解していただけるのではないかと期待している」

▼おのでら・いつのり　宮城県生まれ、54歳。宮城県職員、東北福祉大助教授を経て衆院議員。当選5回。2012年12月から14年9月まで防衛相を務める。現在、自民党政調会長代理。

海兵隊撤退への道筋

沖縄在住のフリーライター　屋良朝博氏

――著書で海兵隊の「花道撤退論」を提案している。沖縄米軍は陸軍、海軍、空軍もいるのに、なぜ海兵隊にこだわるのか。

「1995年に起きた海兵隊員による少女暴行事件がきっかけだ。許せないと思った。それなのに96年になると、米国から『海兵隊は沖縄にいる必要はない』という論文が出てきた。海兵隊の機関紙でも『沖縄に固執する必要はない』『米本国に持って行った方が効率的だ』という主張をいくつか見た」

「調べてみると沖縄の米軍基地は面積比で74％、兵員構成比で57％が海兵隊。沖縄の基地負担は、海兵隊の存在が大本であるということだ。それまでは、米軍や米軍基地を総体的に認識し、個別の部隊については無頓着だった」

――「海兵隊が沖縄にいることが抑止力だ」「沖縄には地理的な優位性がある」という政府の説明に対し、それは「神話にすぎない」と反論しているが。

「2012年に見直された米軍再編の日米合意で、沖縄の第4海兵連隊を含む9000人がグアムやハワイなどに移転することになった。これには本当に驚いた。海兵隊の主役は地上戦闘兵力。その中核である第4海兵連隊が沖縄からいなくなるわけだから。司令部を除けば、沖縄に残る地上部隊は第31海兵遠征隊（31ＭＥＵ、基準兵力２２００人）だけになる」

――米軍再編で、海兵隊は沖縄にいなくてもいいと、政府自らが認めたことになるわけか。

「そうです。抑止はユクシだった。ユクシは沖縄方言で『うそ』の意味です。しかも、その31ＭＥＵが何をしているか。彼らは同盟国軍と軍事や人道支援、災害救助などの分野で共同訓練をするために、オーストラリアやフィリピン、タイなどを動き回っている。１年のうち８～９カ月は沖縄にいない。シーサーだったら屋根の上に座って魔よけ効果を生んでくれるが、そのシーサーが動き回っていることになる」

「ただ、私は海兵隊の存在を否定はしない。彼らはアジア太平洋地域の安全保障を点検・維持・管理してくれている。警察官と同じで、この地域をパトロールし、地域の抑止力になっている。だが、それは海兵隊が沖縄にいなくてはならない理由にはならない」

――そこで「花道撤退論」か。具体的には。

「私の提案は三つ。①沖縄から撤退する海兵隊に対し、移転先での施設整備を日本が行う、②高速輸送船を提供し、海兵隊の輸送力向上を支援する、③海兵隊と自衛隊が一緒に海外遠征し、共同訓練を通じて地域安全保障のネットワークづくりに取り組む。海兵隊の沖縄撤退を実現するには、アジア太平洋地域で存在感を維持できるような舞台装置が必要だろう」

▼やら・ともひろ　沖縄県生まれ、52歳。１９８８年に沖縄タイムス入社。論説委員、社会部長などを務め２０１２年退社。著書に『誤解だらけの沖縄・米軍基地』『虚像の抑止力』（共著）

「立ち位置」選択の時

NPO法人「ピースデポ」特別顧問　梅林宏道氏

――2006年に出した著書『米軍再編――その狙いとは』の中で、米軍の世界戦略について詳しく触れている。

「米国防総省は、同盟国と基地の再編協議を進めるにあたって具体的な方針を打ち出した。04年6月の米下院軍事委員会におけるファイス国防次官の証言が分かりやすい。北東アジアなどの重要な在外基地の役割を見直し、紛争地に兵力を投入するための跳躍台や拠点基地として使おうということだ」

「背景には01年の中枢同時テロ以降、米国がテロとの戦いを掲げ地球規模で危機が広がったことがある。財政的に厳しい状況が続くことを想定し、同盟国にも負担を求めた。その流れは今も続いている」

――現実に、在日米軍はアフガニスタンやイラクの戦争に派遣された。

「在日米軍は日本にいることよりも、そこから先に展開することを前提にしている。特に近年は地理的な関係から、インド洋やアラビア海への展開力を重視している」

――日本と極東における平和と安定をうたう日米安保条約と矛盾しないか。

「安保条約がいう『極東』はおおむねフィリピン以北。だからベトナム戦争に在日米軍が出動しても何とか理屈が立った。しかし、インド洋やアラビア海では理屈は立たない。安保条約に、なぜ極東条項の制約があるのか。それは憲法があるからだ」
「ところが、これが骨抜きになっている。イラク戦争の際、横須賀の米海軍基地から米空母がペルシャ湾に出動した。しかし、03年の国会審議で当時の川口順子外相は『在日米軍が安保条約の目的達成のための役割に加え、それ以外の任務を持って移動することは条約上問題ない』と答弁した。そういう既成事実が積み上げられている」

――日米間で改定協議が進む防衛協力指針（ガイドライン）も、その米軍戦略の延長線上の話か。

「周辺事態に限らず、地球規模で戦う米軍を自衛隊がサポートできる態勢づくりだ。日本とは遠く離れた所で、あるいは戦闘地域との区別なく米軍支援を増やしていく流れだ。日本という国を見る時に、憲法9条で軍事的制約が課されていることは他国にはない個性だ。そのことで得ている国際的な信頼は、日本の大きなアイデンティティーだと思う。中東で活動している非政府組織（NGO）の人たちは、現地で敵視されない評価を得ている。そんな戦後日本の成果を捨てようとしているように映る」

――今が戦後日本の大きな転換点だと思うが。

「憲法を変えて軍事面で普通の国になるのか、それとも憲法を守り続けて平和国家のアイデンティティーで立ち続けるのか。国民が日本の立ち位置を自らに問い、選択しなければいけない岐路だと思う」

▼うめばやし・ひろみち　兵庫県生まれ、77歳。反戦活動家として1998年にピースデポ設立。現在、長崎大学核兵器廃絶研究センター長。著書に『情報公開法でとらえた在日米軍』など。

第6章　戦争報道と平和

戦後70年の2015年は、ベトナム戦争の終結から40年の節目でもあった。アジアの小国が超大国アメリカを破った歴史的な戦争は、「ジャーナリズムが止めた戦争」とも呼ばれる。戦場で何が行われているのかを、世界各国から集まった記者やカメラマンたちがお茶の間に伝え、世界的な反戦世論が高まるきっかけになった。

だが、その後、報道の影響力を恐れた国家は戦争において報道統制を強化し、日本の報道機関側も安全を理由に現地から記者を撤退させたり、フリージャーナリストに頼ったりする傾向を強めている。2004年、事実上の自衛隊初の「戦地派遣」となったイラクでは、報道側は「権力の干渉を排して、真実を国民に伝える」という、自らの存在意義に苦い教訓を残した。今後、安全保障関連法の下で、自衛隊が本当の戦地に派遣される可能性もある。その時、報道機関は「戦場の真実」を伝えることができるのかが、厳しく問われることになる。紙面掲載は2015年4月24～29日。

報道が止めたベトナム戦争

暴いた真実が終戦導く

アジアの小国が超大国アメリカを破ったベトナム戦争の終結から２０１５年４月30日で40年。犠牲者数や期間、規模などあらゆる意味で第２次大戦後、最大規模とされるこの戦争で、従軍取材を重ね、今も現地に通い続ける報道写真家を、長野県諏訪市の自宅に訪ねた。

石川文洋（ぶんよう）さん。77歳の現役プロカメラマンは30日に現地で開かれる解放40周年式典に招かれ、その出席準備に忙しそうだった。「ベトナムでは約２００万人の民間人が犠牲になり、アフガニスタンやイラクでも多くの民衆が傷ついている。ベトナムを伝え続けることは、今の戦争を伝えること」と語る。

新聞記事の切り抜き帳を手にベトナム戦争当時のことを語る石川文洋さん

フリーカメラマンだった石川さんが、ベトナムの土を踏んだのは１９６４年。この年、米国は、北ベトナム軍から攻撃されたとするトンキン湾事件を理由に、北緯17度線で分断された南北間の争いへの軍事介入を強めた。翌年、26歳でベトナムに移住。米軍などに従軍取材を始めた。

そこで見たのは、村を焼かれ、肉親を殺傷される民衆の姿だった。「共産主義の拡大阻止」を掲げ、北ベトナム軍や南ベトナムの解放戦線と戦う米軍は、農村に潜む解放戦線の兵士

（ベトコン）を掃討する「ベトコン狩り」を進めていた。

66年、中部ビンディン省での作戦に従軍した。戦闘機による爆撃の後、米兵が燃える村に突入。農民たちは防空壕（ごう）に逃れたが、逃げ遅れた人が犠牲になった。乳飲み子を抱えて逃げてくる農家の女性や、米兵から銃口を向けられておびえる子どもたちをカメラに収めた。「これが米国の正義か。この戦争は間違っていると確信した」と振り返る。

石川さんだけではない。戦禍を逃れて必死の形相で川を渡る家族を撮影しピュリツァー賞を受けた沢田教一氏、500人超の民衆が虐殺されたソンミ村事件を暴いたスクープ……。世界中から集まったカメラマンや記者が「戦場の真実」を発信。世界規模で反戦世論が高まり、ついに米軍は撤退する。戦争報道に詳しい立教大の門奈直樹名誉教授は「報道が止めた戦争だった」と語る。

だが激戦の傷痕は深い。石川さんは、米軍が大量投下した枯れ葉剤の影響とみられる先天性障害児の取材を続ける。2013年にも現地のリハビリ施設を訪ね、長野や沖縄の地元紙に寄稿した。「戦後すぐに生まれた母親たちの孫の世代に影響が出始めている。あの戦争は終わっていない」

米兵が銃を持つ中で隠れていた壕から出てくる子ども（1966年、ベトナム中部　石川文洋さん撮影）

と強調する。

ベトナム戦争中に米国防長官だったマクナマラ氏は、回顧録で失敗点をこう書き残した。「相手の歴史や文化に無知だった」「死を恐れない敵のナショナリズムを過小評価した」。米軍が農村で作戦を進めるほどに反米感情は高まり、村の普通の青年たちがベトコンに流れた。共産主義との戦いで、共産主義者を次々に生み出していたのは当の米国だったのだ。

「これは昔の話なのか。米国はベトナムの教訓を学ばず、テロとの戦いを進める中東で同じ過ちを繰り返しているように思います」と石川さんは静かに語る。だが、米国が学んだ重要な教訓もあった。

自粛・規制で遠のく現場——偏る視点、現実と落差

世界中からジャーナリストが集まったベトナム戦争では、多くの日本人記者も現場から伝えた。一方で大きな犠牲も出た。報道写真家の石川文洋さんによると、1965～75年にベトナム戦争や内戦状態の周辺国で14人が死亡・行方不明になった。

映像通信社のカメラマン柳沢武司さん＝当時（31）＝は70年5月、ベトナムの隣国カンボジアで消息を絶った。妻だった戸田三根さん（71）＝神奈川県＝は当時、長男を妊娠していた。親の助けも受けながらうどん店を営み、幼子を育てた。「生活するのに必死で、悲しむ余裕さえありませんでした」と振り返る。

戦争終結から25年後。再婚相手から小さな出版社を継いだ戸田さんは、夫を失った同じ境遇の妻5人の「その後」に焦点を当てた『わが夫、還（かえ）らず』を出版した。周囲が自殺を心配した新聞記者の妻、

夫が撮った写真集を開けなくなったカメラマンの妻……。誰もが夫の仕事を理解しながらも、苦労を重ねていた。

73年、カンボジアで行方不明になった佐賀県武雄市出身の一ノ瀬泰造さん＝当時（26）＝の両親が、現地で遺骨を確認したのは8年後だった。戸田さんは「戦争取材は、送り出す家族にも相当な覚悟が迫られる」と語る。万一の際、記者を現場に送った会社側はどう責任を取るのか。リスク管理の難しさや補償問題もあり、メディア側の自粛傾向は強まっていく。

一方、ベトナムで報道の影響力を知った米国は、取材規制に乗り出す。91年の湾岸戦争以降、取材者を少数に限ったり、報道内容によっては事前確認をしたりするなど情報コントロールを強めた。

石川さんは「ベトナム戦争では米軍は、国や所属の区別なく自由な取材を認めた。頭が下がった」と振り返る。だが、そのベトナムで「米国が得た最大の教訓が、自由な取材を許さず、報道の役割を封じることだった」と筑波大の松岡完教授（57）＝米国外交史。

そうした結果、何が起きたのか。2003年4月、イラク戦争で首都バグダッドが陥落。日本では、

ワードBOX　**ベトナム戦争**

米軍が北爆（北ベトナムへの爆撃）を始めた1965年以降に激化。米軍と南ベトナム軍が、北ベトナム軍と南ベトナム解放民族戦線と戦った。農村や密林に潜む敵兵に苦戦した米軍は増派を繰り返し、最大時54万人を超えたが、73年に撤退。その後も南北間の戦いは続き、75年4月30日に北側が南ベトナムの首都サイゴンを陥落させて戦争は終わった。その後、南北は統一。ベトナム政府は、民間人の死者は約200万人と発表している。

米軍侵攻やフセイン政権崩壊を歓迎する写真とともに「市民歓喜」「歓声、Vサイン」などの報道が目立った。西日本新聞も「これで戦争終わる」などの見出しで報じた。だが、ジャーナリスト綿井健陽さん（43）による現場リポートは大きく異なる。「米軍を歓迎する人はごくわずかです。悲しい勝利です」と中継で伝えた。

早稲田大教授も務めるジャーナリスト野中章弘さん（61）は「安全を理由に現地から記者を撤収させた日本メディアの多くは、攻撃する側の米英メディアの情報に頼った。侵攻されるイラク国民の視点が不足していた」と強調する。

元毎日新聞記者の永井浩さん（73）＝東京都＝は2014年12月、『戦争報道論』を出版した。イラク報道への疑問を出発点に、5年がかりで書き上げた655ページの大著だ。

安倍晋三政権は、新たな安全保障法制で日米同盟の強化を目指す。「こういう時代だからこそ、権力側の言い分を垂れ流す報道姿勢を問い直したい」と警鐘を鳴らした。

2003年4月、陥落後のバグダッドからリポートする綿井健陽さん（映画「イラク　チグリスに浮かぶ平和」より）

命懸け伝える覚悟──故山本美香さんが信じた「抑止力」

東京都杉並区の閑静な住宅街に、ジャパンプレスの事務所はあった。２０１２年８月に、内戦が続く中東シリアで取材中に凶弾に倒れたフリージャーナリスト山本美香さん＝享年（45）＝の活動拠点だった。

机には、メモ書きとコーヒーカップが出発時のまま置いてある。公私にわたるパートナーだった佐藤和孝さん（59）は「信頼できる相棒だった。体が半分なくなったようです」と語った。

「外国人ジャーナリストがいることで、最悪の事態をふせぐことができる　抑止力」。美香さんの

尊敬する佐藤さんに同行して29歳の美香さんが紛争地に通い始めたのは１９９６年。以来16年間、世界14カ国で取材した録画テープは約７００時間にも及ぶ。01年のアフガニスタン戦争の開戦時も、03年のイラク戦争の開戦時も、2人は数少ない日本人記者として現場に残った。リポーター役と小型ビデオカメラの撮影役を交代しながら、現場から二人三脚で伝えるのがスタイルだった。

取材するのは戦闘の最前線に限らない。戦禍に泣く普通の市民にこそ、２人は光を当てた。イラク戦争で米英軍の空爆が続いていた首都バグダッドの郊外。誤爆で50人超が

イラク南部サマワで取材する佐藤和孝さん（左）と山本美香さん
（2004年ごろ　佐藤さん提供）

死亡した市場では「息子が死んだ。下劣なブッシュ（米大統領）のしたことだ」と語る父親の怒りの声を伝えた。

03年4月にバグダッドで出会った14歳の少年は1年後に再取材。米軍が投下したとみられるクラスター爆弾で父親を失った少年は「いつか米兵に仕返しする」と真剣な目で話した。「憎しみは止まらない。復讐（ふくしゅう）は繰り返され、果てしなく続いていく」。美香さんはそう著書に記している。

フセイン政権は大量破壊兵器を持っていなかった。米国のイラク戦争の大義は誤りだったのだ。「中東全体で亀裂が深まり、拡散するテロに人々は苦しむ。開戦を支持した日本政府には、反省もない」。佐藤さんは言い切る。

早稲田大大学院のジャーナリズムコースの授業に08年、美香さんは講師として招かれた。以後5年間、年3回ほど「戦争とジャーナリズム」のテーマで教壇に立った。12年5月の講義で、受講生からこんな質問が出た。「悲しむ女性の映像が印象的でした。人の悲しみを売り物にしている葛藤はあるのでしょうか」。

こう答えている。「自分の生活が人の悲しみの上に成り立っていることはずっと考えています。でも私の悲しみなんて、彼らに比べれば大したことはない。感傷的になるなと自分に言い聞かせています」。担当の瀬川至朗教授（60）は「リスクを背負い、経験を積んできた者の覚悟を感じた」と振り返る。

山梨県都留市の美香さんの実家を訪ねた。仏間にカエルの置物が並べてあった。「あの子がそろえていました。無事に帰る、という願いを託していた気がします」と父親の山本孝治さん（79）は言う。

母親の和子さん（77）は長年、平和や命をテーマに朗読活動を小中学校などで続けてきた。「お母さんの戦争の話は昔のことだけど、今も世界の紛争地で多くの人が命を奪われているんだよ。一緒にコラボできたらいいね」。帰省のたびにそう話していたという美香さん。約束を果たそうと、和子さんは最近、娘の著書を朗読でよく使う。

中東取材に高まる障害――「日本人は安全」は過去に

2013年末の封切り以来、息の長い自主上映会が、各地で続く記録映画がある。イラク戦争中の04年4月に起きた邦人人質事件の被害者の「その後」と、混乱が続くイラクの今を追う「ファルージャ」だ。帰国後に「国に迷惑をかけた」と猛烈な批判にさらされた女性が、心に深い傷を負いながらも、米軍による劣化ウラン弾の影響が疑われる先天性障害児の支援活動を続ける姿を伝える。

開戦時、国際世論が割れる中、当時の小泉純一郎首相はいち早く米英軍の攻撃を支持した。「日本人がイラクを忘れていく中で、日本が支持した戦争にイラクは今も苦しみ続ける」。終盤、流れる監督の伊藤めぐみさん（30）の淡々としたナレーションにはっとさせられる。

この映画で伊藤さんは昨年、中東シリアで取材中に亡くなったジャーナリスト山本美香さんの名を冠した賞の第1回受賞者になった。賞は、公私にわたるパートナーだった佐藤和孝さんや友人などが創設。佐藤さんは「戦禍の不条理を伝えた彼女の平和のバトンを、若い世代につなぎたい」と力を込める。

だが、紛争地取材を専門とするフリージャーナリストは危険な上、経済的にも厳しい世界。1980年から紛争地取材の経験がある野中章弘さん（61）は「フリーの平均的な生涯賃金は大手メディアの5分の1ほど。よほどの覚悟がないと若者には勧められない」と打ち明ける。

15年1月、「イスラム国」を名乗る組織が、ジャーナリスト後藤健二さんを拘束・殺害したとする映像をインターネット上で公開した。安倍晋三首相がイスラム国から難民が流入する周辺国に2億ドルの支援を表明したことを「愚かな決定」「邪悪な有志国連合と同じ」などと批判し、日本人を標的にすると予告した。

「イスラム国は、外国人を人道支援や報道目的などにかかわらず狙う。理屈が通じない現場が増え、従来の安全対策が通用しなくなっている」と野中さん。イスラム国が勢力を広げるシリアやイラクでは、政府軍を含めた武装勢力の勢力地図が複雑かつ流動的で、つかみにくいという。

イラク取材を続けるジャーナリスト綿井健陽（たけはる）さん（43）は危機感を強める。13年、イラク戦争後も混乱が深まる現地の状況を追った記録映画を撮影した際も、街でも頻繁に場所を変えてインタビューするなど細心の注意を払った。

これまで中東では日本の好感度は高く、殺害や人質の標的になることは少なかったという。「でも今後は違う。安全の鍵を握る現地ガイドの確保も、難しくなる可能性がある」と綿井さんは表情を引き締める。

危険な場所に赴く取材に対し、世論は必ずしも好意的ではない。それを背景とした規制強化を、ジャーナリスト安田純平さん（41）は心配する。実際、後藤さんの事件後、外務省はシリア渡航を計画したカメラマンに旅券返納を命じた。

安田さんは04年、イラクで自警団に3日間拘束され、「自己責任論」の批判を受けたが、その後も、可能な安全管理をしてイラクやシリアに通う。「出口の見えない混乱の中、何が起きているのか。それがつかみにくい時だけに、現場の情報が必要」と強く思う。

イラク自衛隊取材ルール――メディア統制の教訓に

海外で陸上自衛隊の宿営地に向かう報道陣のバスが武装集団に襲撃された――。そんな想定で陸自が報道機関を関東の駐屯地に集め、対テロ訓練をしたことがある。2004年1月、事実上の自衛隊初の「戦地派遣」をめぐり国論が二分する中、陸自先遣隊が人道復興支援でイラク南部サマワに出発する8日前だった。

現地取材を予定する新聞や放送など20社約100人が参加。爆竹で緊迫の場面が演出され、重さ12キロの防弾チョッキを着て避難する訓練をした。当時の陸上幕僚長、先崎一（まっさきはじめ）氏（70）は「陸自は現地取材の受け入れに積極的だった。隊員の士気に直結する国民の支持を得るには、活動実態を知ってもらうのが一番と考えたからだ」と明言する。

だが、イラク派遣の報道合戦に神経をとがらせる首相官邸の考えは違った。元政府高官は「自由に取材させても野党に追及材料を与えるだけ。政権に得はないという感覚だった」。

訓練の翌日、石破茂防衛庁長官は報道各社の幹部を集めて現地取材の自粛を要請。「あくまでお願い」と述べつつ、配った文書には「防衛庁の円滑な業務遂行を阻害すると認められる場合は、その後の取材をお断りする」。報道統制の意図が色濃くにじんでいた。

2カ月後の04年3月、防衛庁と日本新聞協会、日本民間放送連盟は「イラク自衛隊取材ルール」に合意した。「安全確保等に悪影響を与えるおそれのある情報については、防衛庁又は現地部隊による公表又は同意を得てから報道する」。石破氏の要請を基に、検閲を報道側が容認したとも言える内容だった。

同庁が当初示した原案は米軍の「従軍取材指針」を参考にしたとみられ、合意したルールには「非戦闘地域」への派遣だったにもかかわらず、「部隊の人的被害の正確な数」の報道自粛なども盛り込まれた。

この問題に詳しい上智大の田島泰彦教授（62）は「自衛官が死傷したり、させたりしても速報できない」と指摘。当時を知るベテラン記者は「政権側は自粛条項をのまねば取材させぬという強硬姿勢。イラク派遣に賛否が分かれ一枚岩でなかったメディア側が押し込まれた」と振り返る。

ただ、サマワで取材ルールが発動されることはなかった。合意翌月、宿営地付近での砲撃や邦人人質事件が起こり、政府の退避勧告を受け

[illegible]については、下表左欄に例示する形式・内容に該当する
[illegible]によって安全確保等に悪影響を与えるお
それがあり得ないことを十分に確信した上で報道します。
なお、下表右欄に例示する安全確保等に悪影響を与えるおそれのある情報に
ついては、防衛庁又は現地部隊による公表又は同意を得てから報道します（そ
れまでの間は発信及び報道は行われません）。また、秘密指定解除等の手続上
又は権限上の理由から、情報によっては広報担当部署の判断で公表し、又は公
[illegible]ものがあることを理解します。
[illegible]

イラク自衛隊取材ルールの合意文書の一部

て日本人記者たちは一斉に帰国したためだ。

サマワから日本人記者が消えたことで、報道の多くが陸自の提供映像や、現地のイラク人からの真偽が定かでない情報などに頼る形になった。04年9月、自衛隊トップの統合幕僚会議議長になっていた先崎氏は、現地視察にメディアを同行取材させる計画を進めた。が、郵政民営化法案への影響を懸念する官邸の判断で、出発直前に中止となったと説明する。

先崎氏は言う。「出せる情報は出して見たままを報じてもらう。その代わり、軍事機密や隊員の安全に関わる事前報道は控えるよう求める。この両輪がなければ信頼関係は築けない」。

あれから11年――。新たな安全保障法制の整備が進む今、防衛省は当時の取材ルールの研究を始めている。元防衛官僚は「政府にはメディアは統制できるという成果が残った。あのルールが今後の下敷きになる」と推測した。

不条理や裏側を伝える――故後藤健二さんの葛藤

額縁の中に、星空で眠っているような幼子の顔が浮かび上がっていた。アーティスト、こうづなかばさん（54）の都内の事務所。西アフリカ・リベリアの内戦で犠牲になった子どもの映像と、こうづさんが描いた絵画を組み合わせた作品だ。子どもの映像は、2015年1月にシリアで過激派組織「イスラム国」に殺害されたとみられるジャーナリスト後藤健二さんが撮影した。

2人は09年から、紛争や貧困などで虐げられる子どもをテーマに、20余りの共同作品を手がけてきた。報道と芸術が連携する斬新な試みは、後藤さんの提案だった。

内戦で27万人が死亡したとされるリベリア。大勢の死者が穴に投げ入れられていく様子を「ごめんね、ごめんね」と言いながら、後藤さんは撮影した。こうづさんは「戦争の不条理を、どうすれば言葉の壁を越えて世界に伝えられるか。真剣に悩み、模索していた」と振り返る。

㊤内戦で犠牲になった幼子の映像を用いた作品㊦トークショーに参加した後藤健二さん（右）と、こうづなかばさん（左）（前田利継さん提供）

アフリカには、政情不安で治安が悪い国が少なくない。武装勢力に麻薬中毒にされて兵士になったシエラレオネの少年たち、内戦下の大虐殺で家族を失ったルワンダの女性……。国際社会から忘れられた土地に後藤さんは足を運んできた。

友人のジャーナリスト前田利継さん（42）は「愛情を持って取材相手に接し、報道で救済につなげたいと願っていた」。紛争地や災害現場で食糧援助を行う世界食糧計画は「飢餓のない世界を目指す私たちの同志だった」とたたえた。

米中枢同時テロ後の01年10月、米英軍が「テロとの戦い」を掲げてアフガニスタンを攻撃。後藤さんは1カ月後から現地に入り、米軍の誤爆で働き手を失った家族を長期取材。「大義の裏」で増える市民の犠牲を著書に記した。

後書きには憤りがにじむ。「テロとの戦いと記号のように使う言葉の裏側で、たくさんの人たちの生活がズタズタに破壊されていることを知らないでいた、知らせずにいたのです」。

03年に米英軍が踏み切ったイラク戦争でも、当時の小泉純一郎首相はいち早く支持。翌年には「人道復興支援」をうたい、陸上自衛隊を同国南部のサマワに派遣した。事実上の初の「戦地派遣」だった。

だが、映像制作会社「日本電波ニュース社」のカメラマン前川光生さん(50)は「困窮する現地に向き合わず、実のある支援ではなかった」。邦人人質事件を受けた政府の退避勧告に従う形で、日本の報道陣が04年4月に撤退した後も、約3カ月にわたって現地取材を続け、確信したことだ。

前川さんによると、給水や学校の修復は喜ばれた。ただ、要望が多かったのは電気や水道設備、雇用の拡大。治安上の理由から隊員が市民に顔を見せることは少なく、頻発する停電と断水に「日本はどこで支援しているんだ」と失望が広がったという。一方、自衛隊派遣で絆を強めた日米の首脳。前川さんは「同盟強化が目的で住民の支援は二の次だったのでは」と考えている。

「人道支援」「平和貢献」。そんな言葉をちりばめながら安全保障法制の整備が進む。派遣先での自衛隊の活動は、真に平和貢献と言えるものなのか――。立教大の門奈直樹名誉教授は「権力側の主張を無批判に報じるのは、ただのプロパガンダ。現場で真実を見極めるジャーナリズムが問われている」と強調した。

メディアの役割とリスク管理――社会の関心つなぐ工夫と努力

イラク戦争の開戦から1年の2004年3月。NHKが運営する放送研究機関・NHK放送文化研究所が発行した年報に、「世界のテレビはイラク戦争をどう伝えたか」と題する64ページの論文が掲載された。

欧米と日本、中東の計10のテレビ局が開戦後に報じたニュースを分析。各局担当者から話を聞き、情報操作や愛国報道が議論を呼んだイラク戦争報道を詳しく検証した。21世紀も戦争が続く中、テレビの課題を探るのが目的だった。

浮かび上がったのは「戦争の悲惨さを伝える映像」の少なさだ。報道されたのは、各国の放送局とも「米英軍やイラク軍の動き」が中心で、「イラク市民の被害」は少なかった。日本の番組ではその傾向が強かったと指摘した。

日本の放送局や新聞社は開戦当時、安全面から社員記者を撤退させた。論文は、各局はフリー記者や現地スタッフを起用し、攻撃側の米国の視点に偏らない報道を模索したとしている。ただ当時、主任研究員だったNHK職員の坂井律子さん（54）は、意見を聞いた識者に言われた言葉をよく覚えている。

「現場に記者がいなければ、見えないことがあるのでは」。今回、取材に応じてくれた坂井さんは「指摘が胸に突き刺さった」と振り返った。報道の使命と、リスク管理をどう両立させるか。坂井さんは当時、論文に「日本はその考察の入り口に立った」と書いた。

現場以外から、多角的な視点による戦争報道をめざす取り組みもある。中東政治に詳しい千葉大の酒井啓子教授は「イラク戦争の報道で英BBC放送は国外に住むイラクの知識人をきちんと把握し、意見を聞いていた。イラク国民の声に迫る姿勢として参考にできる」と指摘した。

12年に中東シリアで取材中に亡くなったフリージャーナリスト山本美香さんの故郷、山梨の県紙・山梨日日新聞。同紙は、彼女の現地報告や寄稿を1990年代から継続的に掲載することで、遠い紛争地と山梨をつなぐことに努めた。藤原弘・前編集局長(60)は「世界の紛争地で起きていることは、人道上放置できないことでも山梨の読者の日常とは関わりが薄い。地元出身の彼女が書くことで、少しでも身近な問題として考えてもらえたのではないか」と語る。

戦争は戦いが終結しても終わらない。ベトナム戦争を取材した報道写真家の石川文洋さんは「戦争

ワードBOX　イラク戦争

仏独などが反対する中、米英軍などは、大量破壊兵器を保有しているなどとして2003年3月、イラク侵攻を開始。フセイン政権は崩壊した。しかし大量破壊兵器は存在せず、イラクは06年には内戦状態に。隣国シリアで台頭した過激派組織「イスラム国」が勢力を広げ、戦闘やテロが頻発している。民間団体「イラク・ボディ・カウント」によると、開戦後イラクで犠牲になった民間人は少なくとも約13万8000人。

の後遺症」にこだわる。脚や腕がない子、脳や視聴覚に障害がある子……。米軍が大量投下した枯れ葉剤の影響とみられる先天性障害児が世代を超えて生まれ、懸命に生きる姿の撮影を続ける。「それが、戦争を許さない力になると信じたい」と石川さんは語る。

「社会の無関心が紛争や貧困、飢餓を生み、それを長引かせる」。15年1月、過激派組織「イスラム国」を名乗る組織に殺害されたとされる後藤健二さんは、よく周囲に話していたという。

私たちは今回、リスクを背負って紛争地取材を続ける記者たちに会い、亡くなった方の足跡をたどった。その覚悟に圧倒されると同時に「報道の役割」の重さをあらためて認識した。平和な日本と、異国の戦争や紛争地をどうつなぎ、伝えていくのか。悩むことを放棄せず、向き合いたい。

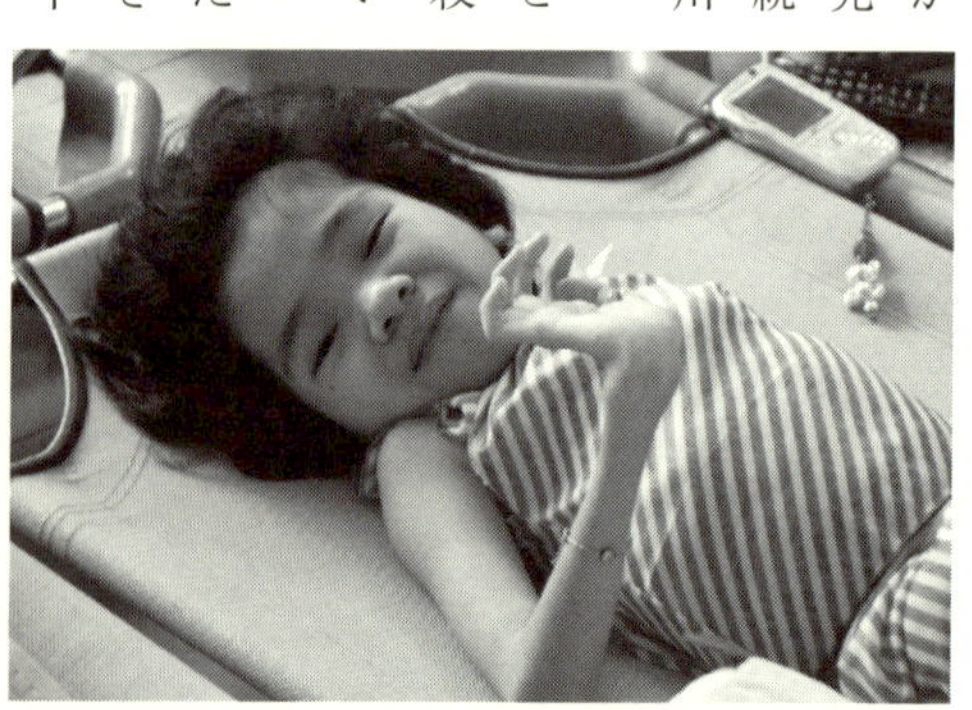

「また来てね」と枯れ葉剤の影響を受けたとみられる子が見送ってくれた（2013年、ベトナムのリハビリ施設　石川文洋さん撮影）

絶えぬ紛争を伝える決意――ベトナム終戦40年式典

アジアの小国が超大国アメリカを破ったベトナム戦争の終結から40年。ベトナム南部のホーチミン市で2015年4月30日に開かれた解放式典には当時取材した日本人ジャーナリストも招かれた。報道写真家の石川文洋さんと日本電波ニュース社の石垣巳佐夫(みさお)社長(74)。ベトナム戦争は東西冷戦下の1965〜75年に激化し、約200万人もの民間人が犠牲になった。第2次大戦後最大の戦争は歴史となったが、今も世界各地で紛争が絶えない。そして日本では自衛隊の海外派遣を拡大する安全保障法制の整備が進む中、2人は戦争の真実を伝える思いを新たにした。

ベトナム戦争を記録する同市の戦争証跡博物館は今回、展示写真を大幅に変更した。石川さんが当時撮影した写真の特設コーナーを98年から置いているが写真が古くなり、石川さんが新たに150枚を寄贈した。

「戦争で真っ先に犠牲になるのは、弱い立場の女性や子ども。戦争の真実を彼の写真は伝えている」とフィン・ゴック・バン館長は言う。誤爆で両足を失った少年、枯れ葉剤の影響とみられる先天性障害児、泥の中に倒れる兵士……。会場には世界各国のカメラマンの写真も多数並ぶ。来館者は年間約70万人に上り、7割が国外からだという。

マルタから訪れたモーリス・サリバさん(35)は「今も人々を苦しめる枯れ葉剤に怒りを覚える」。イタリアの警

ベトナム戦争終結40年の式典に招待された石垣巳佐夫さん(左)と石川文洋さん(ベトナム・ホーチミン)

察官ジョバンニ・シザノさん（54）は「平和の尊さを突きつけられた。戦争は、子どもたちを犠牲にする本当に悲惨なものだ」と涙声で話した。

「一枚の写真には、世代を超えて戦争の真実を伝える力がある」と石川さん。ただ、30周年式典に比べて軍関係者のパレードが目立った今回、危惧も抱いた。「南シナ海の領有権をめぐり中国と緊張が続く中で、ベトナム政府が引き締めを図ったのかもしれない。日本でも戦争への危機感が薄れており、今こそ報道の役割が問われている」と強調した。

今回、ベトナム政府が招いた世界の報道関係者は41人。日本電波ニュース社の石垣社長もその一人だ。映像通信社としてニュースを配信していた同社は64年、当時、北ベトナムのハノイに支局を開設。石垣さんは69年から北ベトナムなどで米軍による爆撃被害の撮影を続けた。理不尽に家族や家を奪われた民衆を捉えた映像は「アメリカの世論に影響を与えると確信していた」と振り返る。

博物館には、ベトナム戦争時に死亡、行方不明となった記者やカメラマンの写真も「鎮魂」の意味を込め展示されている。70年に隣国カンボジアを取材中に消息を絶ったカメラマン柳沢武司さんは会社の先輩だった。「彼も、発展した平和なベトナムを見たかっただろう」と思いやった。

今こそ「戦争報道」を問い直す時（寄稿）

ジャーナリスト　永井浩氏

私は２０１４年暮れ、『戦争報道論』（明石書店）を出版した。戦後70年を迎え、安倍晋三政権下で「平和国家」日本の基盤が大きく揺らぐとき、メディアが権力に対する番犬というジャーナリズムの役割をきちんと果たそうとしていない状況に危機感を抱いたからである。

９・11を機に米国が開始した「対テロ戦争」を、日本政府はいち早く支持し、「国際貢献」を旗印にまず01年に自衛隊をインド洋に、ついで04年にイラクに派兵した。新聞とテレビも基本的には日米両政府の主張する「正義の戦争」を疑わない報道をした。「テロには屈しない」と叫ぶ小泉純一郎首相（当時）の発言を垂れ流すだけで、アフガニスタンとイラクで米軍の掃討作戦で殺されるのが本当にテロリストなのかを検証しようとはしなかった。犠牲者の大半は、非武装の一般市民だった。

日本のマスコミは、日本政府の姿勢に対するイラクなどの人びとの反応には無自覚なまま、自衛隊の人道復興支援活動を「成功」と評した。日米安保という国益の枠組みでしか世界と戦争の真実をとらえようとしないのだ。

同じことは、イスラム国（ＩＳ）による日本人人質事件の報道でも繰りかえされた。「テロリストを決して許さない」という安倍首相は、米軍主導のＩＳ殲滅作戦への日本の支援が「積極的平和主義」だと主張する。新聞、テレビにはＩＳの「凶暴」にいかに対応すべきかの情報があふれているが、彼らの凶暴を誘発し育てたのが何であったのかの分析は乏しい。米国の対テロ戦争の残虐さと、ＩＳの残虐さの相関関係は問われない。テロ組織が日本の民間人にまで刃を向けるようになったのは、対テロ戦争への日本の加担と無関係ではあるまい。

ベトナム戦争のときの日本のジャーナリストたち

ながい・ひろし　東京生まれ。1965年に毎日新聞社入社。北九州市の西部本社、外信部、バンコク特派員などを経て退社。ネット新聞「日刊ベリタ」の元編集長

は「共産主義との戦い」という米国の大義とそれを支持する日本政府の主張が正しいのかどうか、米国が敵視する「ベトコン」とは何者なのかを現場取材で明らかにしようとした。記者たちを戦争の真実追究へと駆り立てたのは、アジア太平洋戦争の過ちから学び取った日本の反戦・平和の精神であり、報道は反戦運動に少なからぬ影響力をもった。

日本が再び戦争国家への仲間入りをしてからでは遅い。それを阻むために報道機関の奮起が大切なことは言うまでもないが、市民一人一人がマスコミ報道を主体的に読み解き、狭い国益にとらわれずに、グローバルな正義と平和をめざす情報発信を行うことが必要だろう。拙著では、インターネット新聞による私自身のささやかな活動も報告している。

第7章　中村哲がつくる平和
——戦乱のアフガンから

２０１４年初冬、戦乱と干ばつに苦しむアフガニスタンで、用水路の建設に長年取り組む福岡市出身の中村哲医師を、現地に訪ねた。テロが頻発し、日本の外務省が全土に「退避勧告」を出す地に約2週間滞在した。

２００１年9月11日の米中枢同時テロを受け、首謀者をかくまっているとして米英がアフガンで「対テロ戦争」を始めた。当時、米国は「われわれの側につくか、テロリストを支援するか」と世界に選択を迫った。中村医師は当時、テロ対策特措法案を審議する衆院の特別委員会に参考人として出席。「空爆はテロと同レベルの報復行為。自衛隊派遣は有害無益」と主張し、議員からやじや冷笑を浴びた。

記者が訪ねた直後の２０１４年12月末、アフガンは米軍主体の国際治安支援部隊（ＩＳＡＦ）が戦闘任務を終える記念式典を開く節目を迎えたが、治安は今も改善していない。一方、生命の危険を背負いながら、「非軍事の人道支援」に徹してきた中村氏の歩みは、岩と砂だらけの大地の一角を「緑の農地」によみがえらせていた。紙面掲載は２０１４年12月29日～15年1月4日。

銃は何も生まない――用水路で60万人潤す

　岩と砂だらけの茶褐色の大地の一角に、「緑」が浮かび上がっていた。用水路に沿って延びる柳の並木、種がまかれたばかりの小麦畑を囲む防砂林が、岩山から見える。れんが造りの家々と、興味深げにこちらを見つめる村人たち。小さな子が水辺で遊んでいた。

　２０１４年12月２日、アフガニスタン東部のナンガルハル州。一帯はかつてガンベリ砂漠の一部だった。「砂漠が生まれ変わったんだ。俺たちも信じられないよ」。アフガン有数の大河・クナール川から、この地に27キロに及ぶ用水路を引く工事に参加したアフガン人が、誇らしげに笑った。

　事業は、現地住民らでつくる非政府組織「ＰＭＳ」（平和医療団）が行った。率いるのは福岡市出身の中村哲（てつ）医師（68）。同市の「ペシャワール会」が日本全国から集めた約16億円の浄財が資金を支えた。用水路が潤す農場では冬場の今、大根やレタスなどが育ち、乳牛も飼われている。

　乾燥した気候のアフガンは、かつて実りの多い農業国だった。だが長引く戦乱に加え、00年に歴史的な大干ばつが発生。国連難民高等弁務官事務所（ＵＮＨＣＲ）によると１００万人以上が飢餓に直面し、難民となった。

　追い打ちをかけたのが、「テロとの戦い」。01年10月に始まった米軍などによる空爆だ。当時、アフガン国内で活動していた中村医師はその時の心境を著書にこう記している。

『自由と民主主義』は今、テロ報復で大規模な殺戮（さつりく）を展開しようとしている。（中略）瀕死（ひんし）の小国に世界中の超大国が束になり、果たして何を守ろうとするのか、素朴な疑問である」

中村医師が働くＰＭＳの診療所には、栄養失調や不衛生な水のため赤痢などに感染した幼子や高齢者が殺到。次々と命を落とした。「病気の大本を絶たなければだめだ」。白衣を脱ぎ、清潔な水と農業用水をもたらすため、用水路の建設を決意した。

03年の着工から、ＰＭＳが新設した用水路や給排水路の総延長は１００キロを超える。福岡市の約４割に当たる1万５０００ヘクタールを潤し、枯れた農地や砂漠がよみがえった。国外などに逃れていた難民を含め約60万人が故郷に戻ったり、新たな耕作地を得たりしたという。

用水路の建設現場では、多い時で約７００人の元農民や元難民、元兵士らが日当をもらって汗を流してきた。ガンベリ砂漠の農場で落花生を収穫していたアジム・グルさん（68）は「私もかつては兵士だったが今は農業ができる。この地で生きていける」と顔をほころばせた。

この日、荒れ地に用水路を引いた功績を評価して、国際水田・水環境工学会か

㊤緑に生まれ変わったガンベリ砂漠の一角
㊦かつて砂漠だった土地で落花生が実ったことを喜ぶ、PMSのアフガン人スタッフ（アフガニスタン・ナンガルハル州）

ら贈られた「国際賞」の受賞を祝う式典が開かれた。農場近くの公園で、中村医師は「働いたみなさんに与えられた賞。これからもアフガンが緑になるように頑張りましょう」と呼びかけた。そして、戦乱の地で住民と肩を並べて困難と向き合ってから十数年間、抱き続けてきた思いをこう付け加えた。「銃は何も生み出しません」。ＰＭＳスタッフや州政府幹部ら約60人から大きな拍手が湧いた。

掲げられない日の丸――自ら信頼を崩そうとするのか

アフガニスタンに入って3日目。２０１４年11月26日の朝。東部ナンガルハル州の州都ジャララバードから、郊外にある用水路の工事現場に向かう中村哲医師に同行した。

乗り込んだのは、荷台付きの四輪駆動車。車2台で移動する。荷台にはライフルを持つ護衛2人が座っている。沿道に民族服を着た人や車が行き交い、活気がある。私たちの車が渋滞で止まると、談笑していた護衛の表情が変わった。

荷台から飛び降りて前方に走り、交通整理をしてスペースを確保した。停車中に襲われると避けようがないため、わずかな時間も車を止めない配慮なのだ。

しばらく行くと、今度は隣に大型トラックが止まった。米軍の車両だ。中村医師が「一番嫌なのは、こういう時。米軍は狙われるから」とつぶやいた。

01年9月の米中枢同時テロ後、米国が「テロとの戦い」をこの地で始めて13年。治安は最悪だ。中村医師は、干ばつによる食糧不足と市民が犠牲になる米軍の誤爆への怒りが一因と考える。西日本新聞記者が滞在中も、首都カブールで英国大使館関係者を含む5人が自爆テロで死亡。直前には、東部の州のバレーボール会場で57人がテロで亡くなった。

反政府武装勢力タリバンと戦闘を続けてきた、米国主体の国際治安支援部隊は14年末で任務を終える。中村医師は「彼らが残したのは破壊と憎しみ、貧富の差だけです」と話す。

一方で、アフガン人の対日感情は良好だ。インフラ整備などの多額の支援が感謝されているのだが、それだけではない。大きな理由は、日本が「軍隊」を送らずに支援していることだという。中村医師と共に働くアフガン人は「日本は銃でなくシャベルを持って助けに来てくれた。特別な国だ」と評価する。

その信頼の礎は、揺らぎつつある。米中枢同時テロ後、首謀者をかくまっているとしてアフガン攻撃を開始する米国は「われわれの側につくか、テロリストを支援するか」と世界に二者択一を迫った。

中村医師は当時、テロ対策特措法案を議論する衆院の特別委員会に参考人として出席。「空爆はテロと同レベルの報復行為。自衛隊派遣は有害無益」と主張した。議員側からやじや冷笑を浴び、発言の取り消しを求められた。

作業現場でカメラを構える中村哲医師（中央）。護衛が常に付き添っている（アフガニスタン・ナンガルハル州）

同法成立を受け、日本は戦時下に初めて自衛隊を海外派遣。米英艦艇への燃料補給を行った。「英国の悪知恵、米国の武力、日本の金で、戦争をしている」。当時アフガン国内ではそうした声が広がったという。04年には自衛隊はイラクへ。米国への協力が話題になるたびに、中村医師は車に描いていた日の丸を消した。今も日の丸はない。

「積極的平和主義」に基づいて広がる自衛隊の海外任務、対米協力の拡大に道を開く集団的自衛権の行使容認……。憲法9条の下、専守防衛に徹してきた平和国家は大きく変貌しようとしている。

「日本人であることで何度も助けられた。それが、この地で暮らす私たちの安全保障でした。これまで築き上げてきた信頼を、自ら崩そうとしているように思えてなりません」。中村医師には、戦後70年の母国がそう映る。

国際治安支援部隊アフガン撤退――治安悪化、2014年民間人犠牲3000人超す

9・11米中枢同時テロを受け、米国がアフガニスタンで「対テロ戦争」を始めてから13年――。テロが多発するアフガンの治安は今も最悪だ。米軍主体の国際治安支援部隊（ISAF）は戦闘任務を終える記念式典を2014年12月28日、開いた。アフガン軍と警察力だけで反政府武装勢力タリバンを抑え込めるのか。治安状況はいっそう不透明感を増しそうだ。

アフガンは1979年のソ連軍侵攻をきっかけに、本格的な戦乱の時代に入った。ソ連軍が撤退後は内戦が勃発。96年にイスラム神学生主体のタリバンが首都を制圧し、2年後にほぼ全土を支配下に

置いた。タリバン政権は、01年の9・11テロ後に米軍などの攻撃を受けて崩壊したが、07年ごろから再び勢力を盛り返している。

14年は節目の年だった。タリバン政権崩壊後、13年にわたって政権を担ったカルザイ氏に代わり、元財務相のガニ氏が新大統領に就任。国際部隊の戦闘任務の終了後、治安権限はアフガン政府側に移譲される。

復興と自立の鍵を握る治安回復は、新政府にとって簡単ではない。全土で爆弾テロや襲撃事件が多発。主に標的になっているのは、政府軍や国際部隊、国際援助団体などだ。

外務省によると、13年のテロ関連事件数は約2万3000件で過去最悪の水準。誘拐事件も把握可能なだけで400件を超えた。国連アフガン支援団によると、紛争に巻き込まれて亡くなった民間人は14年は11月末時点で3188人。統計がある09年以降で最悪だ。

アフガン情勢に詳しい龍谷大の坂井定雄名誉教

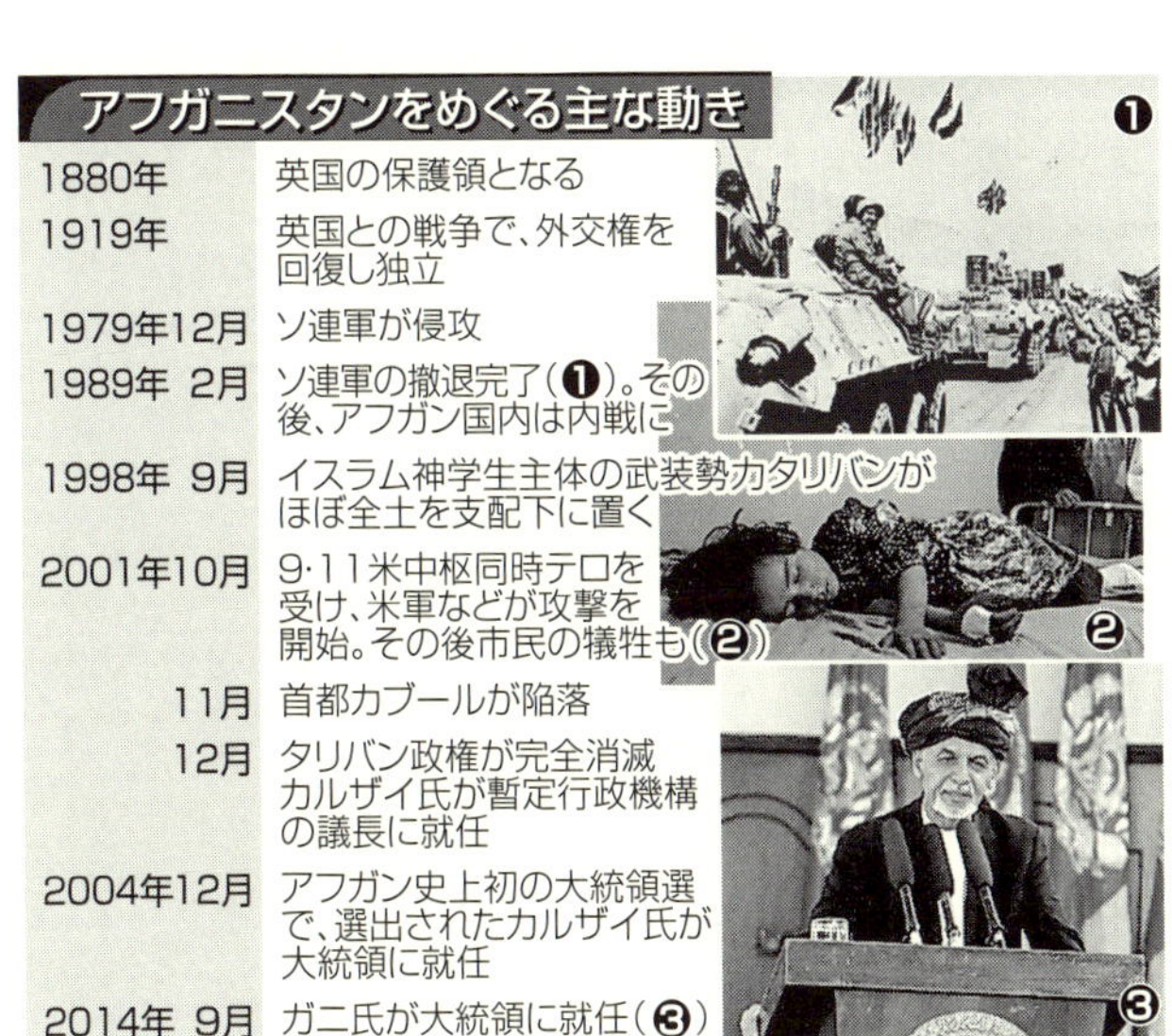

アフガニスタンをめぐる主な動き

1880年	英国の保護領となる
1919年	英国との戦争で、外交権を回復し独立
1979年12月	ソ連軍が侵攻
1989年 2月	ソ連軍の撤退完了(❶)。その後、アフガン国内は内戦に
1998年 9月	イスラム神学生主体の武装勢力タリバンがほぼ全土を支配下に置く
2001年10月	9･11米中枢同時テロを受け、米軍などが攻撃を開始。その後市民の犠牲も(❷)
11月	首都カブールが陥落
12月	タリバン政権が完全消滅 カルザイ氏が暫定行政機構の議長に就任
2004年12月	アフガン史上初の大統領選で、選出されたカルザイ氏が大統領に就任
2014年 9月	ガニ氏が大統領に就任(❸)

授（国際政治論）によると、タリバンの勢力拡大の背景には、（1）外国軍を「占領軍」とみなす国民の反感、（2）前政権ではびこった汚職への国民の不満、（3）タリバンが出す給料が、政権が警察官に出す給料より一部で高い——などがある。

坂井氏は「まず新政府に求められるのは、国民からの信頼回復。国際社会の支援をつなぎ留めながら、早急にタリバンとの和平交渉を進めるべきだ」と話している。

ワードBOX

アフガニスタン駐留外国部隊

2001年のタリバン政権崩壊後、アフガニスタンでは国連安全保障理事会決議に基づき、01年12月に派遣された国際治安支援部隊（ISAF）が治安を支えてきた。03年8月からは北大西洋条約機構（NATO）に指揮権が移された。NATO史上最長となる10年超に及んだ任務には約50カ国が参加、駐留規模は最大約14万人を数えた。NATOは、15年からアフガン治安部隊の訓練、助言、支援に任務を移行。当初1万2000人規模で、米国、トルコ、ドイツ、イタリアがまとめ役を担う。米軍は15年初めに最大1万8000人の駐留を継続させる。大半はNATOの任務に参加する一方、対テロ作戦の支援や国軍の訓練にも当たる。民間ウェブサイト「アイカジュアリティーズ」によると、01年以降の戦闘以外も含めた駐留外国兵士の死者は計約3500人に上った。14年12月28日の戦闘任務終了記念式典前にはカブールで爆発が起き、地元メディアによると3人が負傷した。タリバンが犯行を認めた。

消えたケシ畑——テロの根を断つ命の尊重

リンゴ、衣料、家畜用の牛。雑多な物が売られていた。民族服の現地住民がひしめく広場は、歳末の大売り出しのような活気にあふれていた。

2014年11月30日、アフガニスタン東部ナンガルハル州のバザール（市場）を訪れた。週に一度の「日曜市」だ。福岡市のペシャワール会が支援する現地の非政府組織「PMS」（平和医療団）が10年に完成させた農業用水路が、近くを流れる。00年に大きな被害を出した大干ばつで途絶えていたが、再開された。

水の恩恵で作物が実り、故郷に人々が戻ってきた証拠だ。「人がいるから市が立つ。素直にうれしいですね」。PMSを率いる中村哲医師が笑った。

PMSの取り組みは、次々に直面する困難との格闘だった。

隣国パキスタン北西部のペシャワルで医療活動を始めたのは1984年。1日約50人の患者の半数超は、ソ連軍の

活気あふれるバザール。毎週日曜日に開かれる（アフガニスタン・ナンガルハル州）

侵攻に伴いアフガンから逃れてきた難民だった。アフガン山間部の無医地区の苦境を知り、活動を拡大。一時は両国で最大11カ所の診療所を運営し、約20人の医師が働いた。

アフガンを襲った大干ばつは再び多くの難民を生んだ。飢えと渇きで体力が落ちた幼児が感染症で死亡する例が激増。多くの病気は清潔な水と食料があれば防げるものだった。「病は後で治す。まずは命をつなぐことだ」。00年に井戸掘りを始め、03年からは用水路の建設に乗り出した。

治安悪化と米軍の空爆、復興ブームによる物価高騰や医師引き抜き、厳しい自然との闘い。そして、苦楽を共にした若手の日本人スタッフの死――。

中村医師は振り返る。「撤退しようと思ったことは何度もある。でもその都度、支援者が現れ、活路を見いだせた。何より何万人の命がかかった事業を途中で投げ出せなかった」。

用水路の建設現場へ向かう車窓に小麦やオレンジの畑が見える。「ケシ畑がなくなりましたね。この辺りだけが」と中村医師。用水路で潤った地域ではケシ畑が姿を消したのだという。だが、アフガンは今も世界最大のケシ栽培国だ。

ヘロインやアヘンの原料となるケシは乾燥に強い。水不足で小麦が作れない住民はケシを売って小麦を買い、腹を満たす。収益の一部はタリバンなどの武装勢力に流れるとされる。貧しさがテロを生み、支える構図。この国の現実だ。

中村医師は著書にこう記す。「正義・不正義とは明確な二分法で分けられるものではない。敢(あ)えて『変わらぬ大義』と呼べるものがあるとすれば、それは弱いものを助け、命を尊重することである」。それが、30年にわたって目指してきた「平和の礎」だと。

国際部隊の戦闘任務終了で、さらなる治安悪化も懸念され、復興への道のりは険しい。ＰＭＳを資金支援する共同事業を11年に始めた国際協力機構（ＪＩＣＡ）の福田茂樹課長は「アフガンを自立させテロの温床としないためには、飢餓と貧困から救うことが必要。ＰＭＳの実践をアフガン各地に広げていきたい」と語った。

自立支援――人材育てて技術広げる

目を疑う光景だった。Ｖ字形に折れた橋を、ゆっくりと車が渡っていく。２０１４年12月１日、アフガニスタン東部ナンガルハル州。現地の非政府組織「ＰＭＳ」が造った取水口を訪ねる道中のことだ。

最徐行で私たちの車も渡った。「橋は外国の支援で造られた」とＰＭＳスタッフ。洪水で折れたが、国や自治体は資金不足で補修できないという。それでも迂回路が遠いため、壊れたまま通らざるを得ないのだ。

ＰＭＳを率いる中村哲医師は「簡単には修理できない現地の事情への配慮がないですね」。別の国

ワードＢＯＸ　ケシの栽培

国連薬物犯罪事務所によると、２０１３年の世界のケシの違法な作付面積は、約29万７０００ヘクタールで過去最大。アフガンが７割を占める。世界食糧計画などの10年の調査では、アフガンの食糧不足危険度は世界第１位。14年の報告書では「人口の24・７％が栄養不足」と指摘した。

の支援で造られた道路が数年で破損した例もあるという。ある国連機関の職員は「ただ造るだけで、後のことは考えていない支援は珍しくない」と打ち明ける。

アフガンで猛威を振るった大干ばつを受け、ＰＭＳは03年、用水路建設を始めた。「用水路は命の基盤。住民が自ら維持管理して長く使えるものが望ましい」。土木工事の素人だった中村医師は専門書で学ぶ一方、帰郷すると九州の川を見て歩いた。試行錯誤の末、たどり着いたのが日本の伝統工法だった。

取水口のモデルとなったのは江戸時代に造られ、福岡県朝倉市に現存する山田堰（ぜき）。水圧を和らげるため、川の流れに対し岸から斜めに延びているのが特徴で、水位が変動しても安定して取水できる工夫がある。

現地を流れるクナール川の水位は、夏は雪解け水で増し、冬は下がる。差が3メートルになる場所もある。故郷に伝わる厳しい自然と折り合う技術こそ、探し求めていたものだった。山田堰土地改良区の徳永哲也事務局長（67）は「山田堰には、重機もない時代の先人の苦労と知恵がつまっている。異国で役だっていることがうれしい」と喜ぶ。

洪水で折れた橋を車が渡っていた（アフガニスタン・ナンガルハル州）

古来の技法は、他にもある。鉄線で編んだ籠に平たい石を詰めて護岸に並べる「蛇籠工」は、石材が手に入れやすく補修が容易だ。岩山ばかりのアフガンで、住民は石の扱いに慣れているからだ。さらに柳を植えて根を張り巡らせ、護岸を強固にする「柳枝工」も取り入れた。

ＰＭＳが建設・補修した用水路は計7カ所。１００人超のスタッフと多くの住民が経験を積んだ。目指すのは、国や海外から用水路工事を請け負う技術者集団だ。福岡市のペシャワール会の資金援助で活動する現地スタッフが自立し、干ばつに苦しむ地域に技術を広げていくためだ。高橋博史駐アフガン大使は「中村さんがいなくても現場は動くと思う。人材育成も彼の功績だ」と語る。

「現地の視点」に主眼を置く国際機関もある。国連人間居住計画（ハビタット）はアフガン都市部でインフラ整備に取り組む。資金を提供するが、整備内容を決めるのは地元住民でつくる協議会。地域づくりに対する当事者意識を高めてもらう狙いがある。

「国際的な支援はいつか終わる時が来る。主役はあくまで住民なんです」。ハビタットアフガン事務所職員の川嵜渉さん（36）＝福岡県出身＝は強調した。

宗教理解が負の連鎖止める

日本に遅れること4時間半。西に六千数百キロ離れたアフガニスタンも２０１５年の新年を迎えた。元旦を特別に祝う習慣はない。普段と同じようにイスラムの祈りで一日が始まり、祖国と家族の平穏を願うのだという。

西日本新聞記者が滞在中の14年11月末、アフガン東部のナンガルハル州。用水路の建設現場では、昼食を終えた現地の非政府組織「PMS」の作業員たちが礼拝を始めた。聖地メッカに向かってひざまずき祈りをささげる。

イスラム教では1日に5回礼拝、年に1カ月は日の出から日没まで断食する。国民の99%がイスラム教徒のアフガンでは「教えは生活に深く根ざし、皮膚のようなものです」と、PMSを率いる中村哲医師は表現する。

工事現場から車で約20分のモスク（イスラム教礼拝所）を訪ねた。近くにPMSが建設した用水路が流れる。祈りの場であり、住民や部族間のいさかいを長老たちが調整する場でもある。隣にあるマドラサ（イスラム神学校）と合わせ、地域の精神的な支柱だ。

モスクとマドラサは、PMSが10年、福岡市のペシャワール会などから資金支援を受けて建てた。もともとは住民たちが建設を計画していたが、頓挫していたからだ。

理由は、01年から米国などが「テロとの戦い」として始めた空爆だ。マドラサは過激思想を吹き込む「テロの拠点」とする批判が、西側社会から出ていた。住民は「空爆の対象にされる」と恐れたのだ。

昼食後に、用水路の現場で祈る作業員たち（アフガニスタン・ナンガルハル州）

モスクの建設が始まった時の住民たちの喜びは、見たこともないほどだったという。ＰＭＳのジア・ウル・ラフマン医師（54）は「ＰＭＳの日本人スタッフは私たちの宗教や文化を尊重してくれる。だから彼らを命がけで守り、協力するのです」と力説する。現地住民の心のよりどころを重んじる姿勢こそが、信頼関係の基盤なのだ。

14年12月にパキスタン・ペシャワルの学校で生徒ら１４０人超が死亡する事件を起こした「パキスタンのタリバン運動」、勢力を拡大する「イスラム国」……。「イスラム」には過激で危険なイメージがつきまとう。

福岡市在住のパキスタン人で輸入業のフマユン・ムガールさん（53）は30年前に来日後、偏見に苦しんだ。数年前の同市内でのモスク建設の際は、住民の反対に直面。説明会を何度も開き、理解を求めたという。今も両国の相互理解を深める活動を続ける。

ムガールさんは母国の学校襲撃事件で知人の子を亡くした。「つらくて眠れなかった。イスラム教は決してテロを容認していない。過激派はほんの一部。日本だって同じでしょう」と悲しそうな目をした。

異文化への偏見と不寛容が対立を深め、罪なき市民が犠牲になる報復が報復を生む、負の連鎖。イ

ワードBOX

タリバン

アフガンのイスラム教徒の84％がスンニ派。タリバンは１９９４年にイスラム神学生の武装集団として結成され、98年にほぼ全土を支配。女性の就業禁止や残酷な刑罰など極端なイスラム法で統治した。タリバン政権は米軍などの攻撃で崩壊したが、タリバンは勢力を盛り返している。

スラム教に詳しい同志社大大学院の内藤正典教授（58）は「世界は分かり合おうとする努力が必要。戦後、他国に侵攻したことのない日本は、多くの国から信頼されており、橋渡しの役目を担える貴重な立場にある」と語った。

望みはただ平穏な生活

「ここで子どもが殺されたんです」。アフガニスタンに滞在中の２０１４年12月、東部ナンガルハル州の用水路の建設現場に向かう車中で、中村哲医師が突然つぶやいた。車窓からは、登校中の子どもや野菜売りの商人が見える。いつもの朝の光景だった。

事件は同６月、大統領選のさなかに起きた。軍閥の流れをくむ政治勢力が、ある候補者の応援演説を行っている時に、小学生くらいの男の子が別の候補者の名前を叫び、銃殺されたのだという。近所の農家の子どもだった。

１９７９年のソ連軍侵攻と、その撤退後に起きた内戦、01年に始まった「対テロ戦争」――。アフガンは、絶え間ない戦乱の歴史をたどってきた。今も、年間２万件以上のテロ関連事件が起き、紛争に巻き込まれて命を落とす民間人は09年以降だけで約１万７０００人に上る。

出口の見えない治安の悪化は、海外からの援助にも影を落とす。

14年11月24日、都内で、「忘れないでアフガニスタン」と題したイベントが開かれた。英国で開催されたアフガン支援のための国際会議に合わせ、世界約20都市で同時開催されたキャンペーンの一環だ。

「現地での日本の存在感が希薄になっています。政府も国民も、大変心配しています」。アフガンを支援するNPO法人理事長で、アフガン出身のレシャード・カレッドさん（64）は、シンポジウムで訴えた。

世界各地の紛争や災害などの緊急支援を行うNPO法人「ジャパン・プラットフォーム」によると、安全確保ができないアフガンには、日本人スタッフが入れない状況が続く。担当者は「現場にいないと、やはりきめ細やかな対応が難しい。まだ助けを必要とする人は多いのに、歯がゆい」と声を落とした。

反政府武装勢力タリバンが攻勢を強める中、治安権限は15年から国際部隊からアフガン政府側に移った。アフガン復興の鍵を握る治安の回復。先行きは混沌としたままだ。

14年間にわたり、中村医師の宿舎の門衛を務めるムハマド・ジャンさん（64）はもともと、役所に勤めていた。タリバン政権の樹立後に失業したが、中村医師が率いる非政府組織「PMS」で職を得ることができた。

当時、アフガンは干ばつで甚大な被害を受けた。ジャン

工事現場近くで一輪車を押す村の子たち。ライフルを持った護衛が周囲を警戒していた（アフガニスタン・ナンガルハル州）

さんは「不作で物価が高騰し、食べ物を買えなくなった。考えるのは食事のことばかり。本当に悲しいことだ」と振り返る。周囲には、失業して食い詰め、誘拐や強盗に走ったり、武装勢力に身を寄せたりする者もいたという。「仕事があれば争いもなくなる。私たちが望むのは、穏やかな暮らしだけなのです」。

「平和」。アフガン人に望むものを尋ねると、異口同音に同じ答えが返ってきた。「どの国でも、人間の幸せとは三度の飯を食え、家族と過ごせて、雨露をしのげることじゃないでしょうか」。中村医師が繰り返してきた言葉だ。

平和には戦争以上の忍耐と努力が必要

「毎日体を洗うことは、良いことです」「服を洗うことも良いことです」。2014年12月2日、アフガニスタン東部ナンガルハル州。地域住民たちが運営するマドラサ（イスラム神学校）で、約40人の小学1年生が熱心に授業を受けていた。

その建物は11年、現地の非政府組織PMSが建てた。資金は、現地で亡くなったPMSの日本人スタッフ伊藤和也さん＝当時（31）＝の遺志を継ぎ遺族が設立した基金が充てられた。

PMSのアフガン人スタッフは「マドラサに子どもを通わせたがる親は多い。誰もが喜んでいます」と白い歯を見せた。

アフガン取材から帰国後の14年12月、静岡県に住む伊藤さんの両親を訪ねた。「うれしいですね。

本当に良かった。本当に」。母の順子さん（62）は、マドラサで学ぶ子たちの写真を身じろぎもせずに見入った後、そう言ってほほ笑んだ。

伊藤さんは03年から現地で農業支援などに尽力。08年8月、武装グループに拉致され、凶弾に倒れた。当時、PMSのアフガン人スタッフは「彼は最悪の状況から全アフガン人を救おうと努力していた」と深く悲しんだ。

初渡航は27歳の時。「アフガンに行ってくるよ。どんな国か、何をするか知りたければ、これを読んで」とPMSを率いる中村哲医師の著書を渡されたという。不安も募ったが、強い意志を尊重して送り出した。

届いた突然の訃報。表現できないほどの悲しみ。事件は全国的な注目を集め、世間の英雄視と等身大の息子のギャップに戸惑った。「何かあったらアフガンにこの身を埋めてくれ」と生前に話していた伊藤さん。両親はその思いを継ごうと基金を設立。集まった約3000万円の一部は、マドラサ整備に充てられた。

「和也があれほど好きだったアフガンにいつか行き、空気を感じたい。基金で今度は女の子のための学校を整備し

伊藤さんの遺族が設立した「菜の花基金」で建設されたマドラサで学ぶ子どもたち（アフガニスタン）

てほしい」。父の正之さん（67）の言葉に、アフガン復興を願った伊藤さんの思いが重なった。

伊藤さんだけではない。医療活動、人々の渇きを癒やした井戸掘り事業、砂漠や荒野を農地に変えた「緑の大地計画」……。約30年にわたる中村さんの活動を現地で支えた日本人スタッフは、約50人に上る。

資金面では、ペシャワール会（福岡市）に全国から寄せられた寄付金と約1万３０００人の会費が、それを可能にした。現地における若者たちの力と、日本から贈られた小さな善意の集まりとが、苦境に立つ現地住民たちを助け、日本の評価につながっていた。

戦後70年、平和国家・日本は岐路に立つ。「積極的平和主義」の下、国際社会で軍事的貢献を拡大することは正しい道なのか、そうではないのか――。

「平和には戦争以上の力がある。そして、平和には戦争以上の忍耐と努力が必要なんです」。戦乱の地で確かな足跡を残した中村医師の言葉と実践は、日本が歩むべき道を考える貴重な「道しるべ」のように思う。

故郷の復興こそ日本の道（寄稿）

ＰＭＳ総院長　中村哲氏

２０１５年は戦後70年の節目の年だった。戦乱のアフガニスタンで医療や用水路建設などに取り組んできた中村哲医師＝福岡市出身＝の目に、憲法改正が現実味を帯び、地方の消滅危機が指摘される祖国はどう映っているのか。15年の年頭に読者へのメッセージを寄稿してもらった。

◇　◇

14年は、混乱のうちに過ぎた。アフガン東部では戦火だけでなく、飢餓が蔓延する。温暖化による農地荒廃が農民たちに苦しみを加える。だが、彼らの郷土を緑で甦らせる私たちの挑戦は、成果が徐々に表れている。故郷で生きようとする人々の必死の願いこそが、力であった。

人ごとではない。日本は豊かな国土に恵まれながら根深い問題を抱え、あちこちで破局がささやかれる。戦後70年、明治維新からあと3年で150年。富国強兵・脱亜入欧を目指し、築いてきたものは何だったのか。失ったものは何だったのか。私たちはどこへ向かっているのか。一つの時代の終焉の兆しを前に、私たちは戸惑っている。

「故郷の喪失」は日本人にも致命的だ。それは先が分からぬ時に、回帰できる古巣だからだ。先人たちが自然との闘争と和解をくり返し、汗して子孫に遺した生きる空間が、あまりにおろそかにされていないだろうか。近代は、自然を圧伏できるかのような錯覚を与え、いたずらに敵意や欲望を煽り、本来の心性を荒廃させてきたように思える。

急務なのは、目先の景気対策や武力増強ではない。故郷はカネでは創生できない、大きな視野で復興する国の礎だ。長い道程ではあろう。だが、そこで得る自然と同居する知恵、人の和こそが、「日本の道」だと思えてならない。

第8章　安保法案、この道の先は

最後まで「違憲立法」の疑念がぬぐえなかった安全保障関連法は2015年9月19日未明、与野党が激しく対立する大混乱の中で成立した。安保関連法は、周辺事態法などの改正法10本を束ねた「平和安全法制整備法」と、自衛隊をいつでも海外派遣できる「国際平和支援法」の2本立て。国会審議は、論点が多岐にわたる上、政府側が答弁をはぐらかす場面が目立ち、国民からは極めて分かりにくかった。成立によって、日米の軍事一体化は地球規模に広がり、自衛隊の任務拡大に歯止めがかからない恐れも指摘される。

なぜいま、戦後日本の平和主義を一変させる安保法が必要なのか。これまで通りの非軍事の国際貢献ではだめなのか。新法ができれば、アメリカが主導する泥沼の「テロとの戦い」に巻き込まれるリスクが増さないのか。そうした疑問を、自衛隊OB、大学教授、戦争体験者、市民ボランティアなどにぶつけた。紙面掲載は、衆院特別委員会で審議が始まった直後の2015年5月28日にスタート。同9月17日まで随時掲載した。

米軍と一体化、軍拡の連鎖

早稲田大教授　野中章弘さん

新たな安全保障関連法案とは何か。簡単に言えば、地球のどこにでも自衛隊が行き、米軍の軍事作戦を支援できるようになることだ。それが、日本に何をもたらすのか。米国と軍事的に一体化する危険性は、歴史に学べば見えてくる。

米国は建国以来、世界中で戦争をしてきた「超」が付く軍事国家だ。ベトナム戦争では、民間人だけで約200万人が犠牲になった。アジアの共産化を防ぐ目的で派兵。ベトナム人の命は考慮されなかった。イラクには、フセイン政権が大量破壊兵器を隠し持っているなどとして侵攻した。戦争終結後も混乱が続き、少なくとも13万人以上の民間人が犠牲となっているが、大量破壊兵器がなかったことを当の米国政府が認めている。

ベトナムやイラクでは今も、米軍が使った枯れ葉剤や劣化ウラン弾の影響とみられる障害児が世代を超えて生まれている。米国が自分たちの正義や価値観を振りかざし「大義なき戦争」を繰り返してきたことは歴史を振り返れば明らか。

米国の戦争に、多くの国々が加担してきた。根拠は集団的自衛権だ。ベトナム戦争には韓国やオーストラリアなどが参戦し、韓国は約5000人が戦死。イラク戦争に派兵した英国やスペインなどでは計300人以上が死亡した。日本も憲法9条の歯止めが無くなれば、米国の派兵要請に「ノー」と言えるのだろうか。

法案成立後は、後方支援や集団的自衛権を理由に、戦場のより近くで、軍事的な米軍支援が可能になる。日本はもう、専守防衛の平和国家ではなくなる。待っているのは、自衛隊員の犠牲や、報復テロの危険だ。その重みやリアリティーを政府は説明せず、メディアも伝えない。

軍事だけに頼る安保政策は、周辺国を刺激し軍拡の連鎖を招く。必要なのは外交努力だ。中国や北朝鮮などと信頼関係を築く努力をどれほどしたのか。このままではメディアも社会も、戦争に至る道を止められなかったことを必ず後悔することになると思う。

▼のなか・あきひろ　1953年、兵庫県出身、61歳。アフガニスタンやイラクなどの紛争地を取材。ジャーナリスト集団「アジアプレス・インターナショナル」代表。専門はジャーナリズム論。

国民をどう守るかが置き去り

中京大教授　佐道明広さん

安全保障法案の基本的な方向性には賛成だ。日本を取り巻く国際環境は厳しさを増す。中国や北朝鮮だけでなく、ロシアも力を背景にした現状変更の動きを見せている。日本が頼りにする米国は、相対的な国力低下が否定できない。そういう時代に、米国やオーストラリアなどとの多国間の防衛協力で抑止力を高める方向性は正しい。

戦後日本には、先の大戦への反省から、軍事について語ることさえタブー視する「戦後平和主義」と呼ばれる風潮があった。それでも冷戦期には、国防は米国任せで経済発展にまい進できた。だが、国際情勢や戦力バランスが激変する中、従来の発想で平和を守れるのか。国民が安全保障に無関心ではすまない時代だと認識する必要がある。

一方で法案の中身には問題が多い。安倍晋三首相は「国民の命と暮らしを守る」と言うが、日本が攻められた時に国民をどう守るかが置き去りだ。国家や領土を守ることには熱心だが、肝心な国民を守る視点を欠いている。武力攻撃を受けた際の対応を定めた国民保護法が２００４年にできたが、住民避難の進め方は未整備だからだ。にもかかわらず、政府による法制の説明資料には「必要な体制を整備済み」とある。事実と違う。

また「地球規模」で米軍に対し自衛隊による補給や輸送などの後方支援が可能になる。それは組織の実力を超える。冷戦後の自衛隊は人も予算も減る一方、任務は増え限界に近い。専守防衛でやってきた組織に、地球の裏側まで行って長期任務をする十分な装備もない。身の丈を超える海外任務の拡大で、国防に支障が出ないのか。

「15年夏までの成立」を政権が明言している点も気になる。法律が通れば、遠くない将来に自衛官の血が流れるだろう。私は、それでもやるべき国際貢献はあるという立場だが、理解が深まらないままに血が流れた時、国民世論は耐えられるのか。大きな揺り戻しが起きるとみている。不十分な法律を、不十分な議論のまま通すことは避けるべきだ。

▼さどう・あきひろ　1958年、福岡市生まれ、56歳。専門は安全保障論、政治学。日本防衛学会会員。著書に『戦後政治と自衛隊』『自衛隊史論』など。

止められるのは私たち

福岡大空襲の経験者　渡辺チヱ子さん

今の日本は「平和ぼけ」の空気が漂っている。「歴史的な大転換」と言われるほどの改憲論議や安全保障政策について、多くの国民が無関心だ。国会審議が始まった安保法案は内容が分かりづらい。新聞を細かくチェックしているが、簡単には理解できない。国を動かすのは民意だ。自衛隊が戦争に送り出される恐れがある法案だけに、一人一人が意思表示しなくてはいけない。

私は昭和3（1928）年生まれ。小学校の頃から「日本は神の国」と教えられて育った。45年6月にあった福岡大空襲の時は16歳だった。寄宿していた寮が全焼し、焼夷弾が降ってくる街を逃げ回った。

10年ほど前に小学校で空襲の体験を語った時、女の子に「どうして戦争は嫌だと言わなかったの」と質問されて、全身に鳥肌がたった。日本はアジアで一番強いと教え込まれ、終戦を迎えるまで「戦争は悪だ」と知らなかったからだ。そんな当たり前のことすら判断できなくなるのが、戦争ですよ。

戦後日本は平和だった。不戦の誓いを前文に掲げた平和憲法は日本の誇りだ。私は戦後、小学校の教員を33年間務めた。教員同士で学習会を開き、子どもたちに憲法について伝えた。

国際情勢は、めまぐるしく変わり、54年には自衛隊が発足。「憲法違反ではないのか」と新聞に投書をしたことを覚えている。２００１年に米中枢同時テロが起こり、自衛隊は海外派遣されたが、海外で武力行使しない一線を守ってきた。平和憲法のおかげだ。

安保法案が成立すれば、自衛隊の活動は、より戦場の前線に近い所でできるようになる。後方支援であっても、危険性は高まるに違いない。自衛隊員は「国のために」と命をささげることを強いられる。

日本は歴史的な岐路に立っている。おかしいことには「おかしい」と声を上げてほしい。戦争の悲惨さを過去から学び、自分や家族の問題として想像してほしい。刻々と迫る異様な雰囲気を、止めることができるのは私たち国民です。

▼わたなべ・ちえこ　１９２８年、福岡市生まれ、86歳。死者・行方不明者が１１００人を超える福岡大空襲で、近所の人も犠牲になったという。２０００年ごろから語り部活動を続ける。

言葉の本質、見極め必要

遺骨収集を行うNPO法人理事長　塩川正隆さん

安倍晋三首相が掲げる「積極的平和主義」とは何だろうか。聞こえは良いが、実態は戦争ができる国づくりだと私は思う。多用する「国際貢献」も、単なる言葉遊びで、国民を惑わしているだけだ。でも、その言葉の本質を国民が見抜けていない。この国はどうなってしまうのだろうか。

先の大戦で製鉄所勤めだった父は、1枚の赤紙（召集令状）で生後1週間の私と母を残して召集された。沖縄南部の激戦地・糸満で戦死したとされるが、遺骨は戻っていない。死亡通知書と一緒に送られてきたきり箱には、サンゴのかけらだけが入っていた。

国内外で戦死した軍人・軍属や父のような召集兵など約240万人のうち、今も約113万柱の遺骨が未帰還だ。年に数回、沖縄での遺骨収集を行うが、身元の特定にいたるケースは非常にまれだ。

70年前、あれだけ多くの犠牲者が出たのに、自衛隊員の血が流れないと、国民は積極的平和主義の危うさを認識できないのだろうか。イラク戦争中の2008年、戦死した米軍兵士をまつるアーリントン墓地を訪れた。墓の建設が間に合わないほど、多くの戦死者が出ていた。

米国が最近、無人機で空爆を仕掛けるのは、地上戦での犠牲者を減らしたいからだ。自衛隊は集団的自衛権の行使容認で、地上に派遣したがらない米国に代わって戦地へ行くことになるのだろうか。権力は暴走する。だから平和憲法でそれをしばってきた。ベトナム戦争では、日本は憲法9条を理由に米国の派兵要請を断った。応じた韓国は約5000人が戦死した。

だが、イラク戦争では小泉純一郎首相が米国のイラク侵攻を支持し、自衛隊を事実上の戦地に派遣した。長年かけてじわりと米国追従に向かい、今後は米の要求に「ノー」と言えなくなるのは、目に見えている。そこを指摘できないマスコミも、だらしない。まるで大本営発表を垂れ流した戦中のようだ。法案の問題点や本質をきちんと追及してほしい。世論が変われば、政権も変わると信じている。

▼しおかわ・まさたか　1944年、北九州市生まれ、70歳。77年から沖縄、フィリピン、ミャンマーなどで遺骨収集に取り組む。佐賀県のNPO法人「戦没者追悼と平和の会」の理事長。

国益とリスク見極めを

元海将補　小林拓雄さん

法案については、ようやくここまで来たかというのが私の印象だ。戦後、政府は野党の反対などを恐れ、防衛や安全保障の法整備をさぼってきた。平時から、武装漁民による離島侵攻などのグレーゾーン事態、敵国による侵攻までを見据えた対処法がそろう。

「今まで法整備がなくても平和だった」との主張があるが、情勢は変わった。国力を増した中国が、東シナ海や南シナ海で何をしているか。相手が弱ければつけ込む国だ。北朝鮮は核やミサイル開発で驚くような進歩を見せている。過激派組織「イスラム国」のようなテロ組織も国境を越えて台頭している。ある日突然、国内でテロや危機が起きることも想定しておかないといけない時代に、備えを整備するのは当然だ。

だが、法案が成立すれば終わりではない。いざという時に役に立たなければ意味がない。これまでは、アフリカ・ソマリア沖での海賊対処にしても、9・11後のインド洋での洋上給油にしても、事態が起きてから法律や計画を作り、自衛隊を派遣したから時間が掛かった。米国は事前に、いろんなスタンダードの計画を作っている。事が起きれば、それを修正し、大統領の決裁をもらって出て行くわけだ。日本も法整備後に後方支援の大きな計画を作っておけば、訓練もできるし装備もそろえられる。

法律ができても、実際に自衛隊を海外派遣するかどうかは政治が決める。その任務が（1）国益にかなうものか、（2）自衛隊の練度や装備面で能力的に可能なのか、（3）リスクが許容範囲内か。これは、軍事決定をする際の3要素だ。政治家は、シビリアンコントロール（文民統制）がどんなに大変かをよくよく理解すべきだ。軍事や外交の深い知識がなくては国政は担えない。

海外派遣を拡大すれば、自衛隊のリスクが高まることは否定できない。リスクを冒しても国益にかなうなら、それをやる決断を多くの国がしている。日本でも隊員が負傷、死亡した場合の補償や対応が一層求められるだろう。

▼こばやし・たくお　鹿児島県生まれ、68歳。1969年に海上自衛隊入隊。防衛大学校訓練部長、横須賀地方総監部の幕僚長などを歴任し2003年に退官。現在は海自OBでつくる水交会佐世保支部の会長。

戦争は「自衛意識」から

映画監督・作家　森達也さん

法案が通れば、憲法9条は意味をなくし、日本は平和国家とは言えなくなる。安倍晋三首相は危機を強調するが、核大国の米ソがにらみ合った冷戦期の方が差し迫った危機があった。なのに今なぜ、これほどの歴史的な大転換が現実になろうとしているのか。社会的背景を考えてみる。

転機は1995年。阪神大震災と地下鉄サリン事件が起き、インターネットの普及に貢献したパソコンの基本ソフト「ウィンドウズ95」が発売。重大な天災と人災に人々が抱いた不安や恐怖が、ネットを通して共有されるようになった。

以来、社会の「集団化」が加速してきた。人間は強い危機感を持つと、多くの人と連帯し、強いリーダーに率いられた多数派に所属したいと願う。同時に、少数派を攻撃し、排除しようとするようになる。

今、政権に反対するような意見を言うと、ネット上で「反日」「売国奴」などと罵声を浴びる。書き込んでいる人に、確固たる政治信念があるわけではないと思う。少数派を排除しようとする心理が、過激な言葉となって現れているのだ。

歴史上、多くの戦争が過剰な自衛意識から始まった。ナチス最高幹部だったヘルマン・ゲーリングは「戦争を起こすことはそれほど難しくない」と述べている。「国民に対し、われわれは今攻撃されかけているのだと危機をあおり、平和主義者には愛国心が欠けていると非難すればいい」と。

米中枢同時テロを起こしたアルカイダは西側文明の侵食を危ぶみ、攻撃された米国は「自国を守る」とアフガニスタンに侵攻した。イラク戦争は「大量破壊兵器を持つ独裁政権から世界を守る」という米国の主張が根拠。太平洋戦争で日本は自存自衛を掲げた。

安倍政権は危機を誇張して「抑止力」や「自衛」の必要性を訴えている。「集団化」した社会は、その意味を深く考えることなく、流されているのではないか。集団の中にいると暴走に気づかない。それを客観的な立場で指摘するのがメディアの役割。報道が使命を果たさなければならない。

▼もり・たつや　1956年、広島県呉市生まれ、59歳。監督作品にオウム真理教を描いた記録映画「A」、著書に『すべての戦争は自衛意識から始まる』など。

戦争は人間を狂わせる

沖縄戦体験者　吉嶺全一さん

戦後生まれの安倍晋三首相は、戦争が人間や国を狂わせることを全く理解していない。安全保障法案は、日本が平和憲法によって守り続けてきた国際的な信頼を損なうことになる。

太平洋戦争末期の沖縄戦を12歳で経験した。日本軍の司令部が置かれた首里（那覇市）近くに住んでいたが、戦況悪化で母、祖母と南部の糸満市に逃げた。壕（ごう）を転々とし、砲撃におびえながら食料を探した。カエル、セミ、ススキ……。何でも食べた。毎日生きることに必死で、無数の死体を見ても「かわいそうだ」とも思わなかった。

近所の人たち約50人とともに逃げたが、生き残ったのは十数人。学友が、米軍に撃沈された学童疎開船「対馬丸」に乗って死んだことも、戦後に知った。

集団的自衛権の行使を容認するということは、日本が他国やテロ集団から報復される恐れが高まり、憎しみの連鎖を生む。さらに、自衛隊員が後方支援に向かえば、紛争などに巻き込まれる可能性は高まる。リスクが高まることを認めようとしない首相の発言は、説得力がない。

戦後40年の１９８５年、沖縄戦を経験した米国の退役軍人約１３０人が沖縄を訪れ、私が戦地を案内した。沖縄戦で片足を失った人もいた。元米兵たちは「あの地獄のような戦争から、あなたはよく生き残ってくれた」と、心から喜んでくれた。敵だった相手なのに、話してみると、お互いが戦争の犠牲者だったということがよく分かった。今では元米兵の孫の世代とも交流がある。

沖縄では、沖縄戦の組織的戦闘が終わった6月23日は、県内各地の慰霊碑や戦跡で戦没者を悼む「慰霊の日」だ。この戦争では日米で計20万人超が死亡し、うち約12万人が沖縄県民だった。当時の県人口の4人に1人にあたる。

日本は軍国主義で暴走した過去の教訓から、70年間も戦争を放棄してきたではないか。その思いを子どもたちに受け継ぐべきだ。戦争とは一度始まってしまったら、もう止めることができないものなのだ。

▼よしみね・ぜんいち　1932年、那覇市生まれ、82歳。旅行会社に勤務していた85年から、沖縄戦のボランティアガイドを務める。現在も、修学旅行生への沖縄戦に関する講話を年間約100回行う。

対テロ戦には加わるな

元陸将補　吉田邦雄さん

安全保障関連法案に賛成だ。日本の領土、領海、領空を守るために、自衛隊が活動しやすくなるからだ。現行の法制度では、日本周辺で有事が発生した場合に自衛隊が十分に力を発揮することができない。

例えば、自衛隊は警察予備隊が原点のため、自衛隊の権限は警察官職務執行法が準用される。武器使用や戦闘行為についての規定が不十分で、武装勢力に発砲した自衛隊員が殺人罪に問われかねない。

憲法学者や内閣法制局長官経験者から「違憲論」が出ているが、今回の法案は、憲法9条の条文を変えずにできるぎりぎりのところまで自衛隊が活動しやすくする内容だ。本来は憲法を改正すべきだが、ハードルが高すぎて難しい。

もちろん、好んで戦争をするわけでは決してない。自衛隊が有事に動ける態勢を整えておくことが、周辺国への抑止力になる。私自身もそうだが、日本の国や郷土、家族を守るためにわが身をささげる思いはあっても、海外へ戦争をしに行きたいと考えている自衛隊員は一人もいないだろう。

自衛隊が、米国が中東などでやっている「対テロ戦争」に参加する必要はまったくない。「平和を守るため」と称してはいるが、米国の利益のために米国の理論でやっていることだ。

戦闘中の米軍への後方支援などについて、安倍晋三首相は自衛隊員のリスク増大を認めようとしない。認めれば連立与党を組む公明党は法案に反対するだろうし、法案を通せなくなるから仕方ないかもしれない。

ただ、「安全地帯」は存在しないのが現代の戦争だ。前線から離れたところで弾薬や食料、燃料の補給をしていても、ロケット弾は数十キロ先まで届くし、ミサイルの射程範囲はもっと広い。自衛隊員のリスクが増すのは間違いない。

だからこそ、後方支援や治安維持任務については、自衛隊の派遣が本当に日本のためになるのか、国会で議論する必要があるし、自衛隊員や国民に丁寧に説明して理解を得なければならないと思う。戦後最長の国会会期延長を歓迎している。

▼よしだ・くにお　福岡県久留米市生まれ、71歳。1967年に陸上自衛隊入隊。第21普通科連隊長・秋田駐屯地司令、福岡駐屯地業務隊長などを務め99年退官。自衛官OBなどでつくる福岡県郷友連盟会長。

一度クールダウンして

コラムニスト　トコさん

「賛成派も反対派も、真剣な思いはよく分かりますが、ちょっとクールダウンしましょうか。みんな話に付いてきてないですよ」。そう言いたい。安全保障関連法案には賛成すべき点も、そうでない点もあるが、内容が難しい上、説明も不十分。感情的な意見も目立ち、少し付いていけない。日本が戦後70年にわたり培ってきた歴史を大きく変える内容なのだから、思い切って一度、法案を引っ込めて冷静に話し合う時間をつくるべきだ。

違和感があるのは「戦争をする国になる」「若者が徴兵されるようになる」という指摘。日本はすぐに戦争するほど愚かな国ではないはずだし、徴兵制もあり得ないと思う。極端すぎる懸念ではないか。

法案が行使を容認する集団的自衛権は、場合によっては必要だとも思う。例えば、自宅に燃え広がりそうな火事をみんなが消そうとしてくれている時に、ボーッと見ているのはおかしい。尖閣諸島をめぐる問題など、日本を取り巻く情勢には不安もある。準備しておけば相手もむちゃはできないという論理も分かる。

ただ、政府の説明は疑問だらけで、まるで具体性がない。どんな事態を想定し、何をするのか、さっぱり分からない。他国軍への後方支援の幅も広がるが、戦争に前方も後方もないと思う。弾薬などを提供すれば、相手にとっては全部敵じゃないのかしら。

地元民放の情報番組に出演しているし、各紙の紙面にも目を通しているけれど、それでも分からない。国はちゃんと、どんな事態に何をするのかというシミュレーションを示してほしい。国民の多くは戦争を体験していないのだからイメージが湧かないのは当然。ドラマ仕立てで説明してくれれば分かりやすいのに。

なぜ、そんなに急ぐのか。国民が「確かに今変えないといけない」と納得した上で通すべき法案のはずだ。私たちもまず、分からんことは分からんと言おう。多くの人が感じているはずの「もやもや」をなくしてから議論を深め、次の選挙で決めることにしては。

▼1959年、北九州市生まれ、56歳。専業主婦を経て、98年にコラムニストとしてデビュー。著書に『トコ流ほったらかし育児術』など。福岡市在住。

日米同盟の強化不可欠

熊本県立大理事長　五百旗頭真さん

冷戦後、日本を取り巻く安全保障環境は厳しさを増している。中国と北朝鮮による軍事的な挑戦だ。中国は1992年制定の領海法に、わが国の沖縄県・尖閣諸島や南シナ海の島々も自国領土だと明記した。相手の抵抗力が弱く、状況が許すところから、それを実行に移す長期戦略のようだ。経済的にも軍事的にも、米国と並び立つ大国になりたい、というのが今や彼らの「民族の夢」なのだと思う。

経済成長を土台に、中国は大変な勢いで軍拡を進めている。国防費は冷戦後の20年間で20倍に増えた。日本が防衛力を多少強化しても、日本一国では対応しきれない。国際関係の活用が肝要だ。とりわけ日米同盟の強化だ。日米関係が強固で「不可分」なら、どんな国も日本に手を出せない。核やミサイルをもてあそぶ北朝鮮にしても、そうだ。

米艦が日本周辺で攻撃されたとする。それを日本が「集団的自衛権は行使できませんから」と放置すれば、米国世論は「日本を守る義理はない」となるだろう。日米同盟はそこで終わる。限定的に集団的自衛権の行使を認めることは賢明な判断だ。

ただ、集団的自衛権にしても、後方支援にしても、「米国に言われたから」と何でもやるでは困る。ベトナムやイラクで米国は間違った戦争をした。日本が関わるかどうかは、（1）その戦争に国際的な正当性があるか、（2）自衛隊に能力があるか、（3）国益にかなうか――の3点に照らして判断する必要があると考える。

世界各地で、民族紛争や宗教対立などのごつごつした岩が顔を出している。そうした紛争や脅威に、多くの国が協力して国際安全保障を支えていく時代だ。必要な場合には、必要なことはする。しかし、間違った戦争には加担しない。日本も聡明（そうめい）な判断ができる自立した国になることこそが、中心課題だ。

中国が周辺の資源を力で奪う愚行をやめ、お金を払ってエネルギーを買う常道に立ち戻り、「責任ある大国」となる国際的な取り組みが、今日の人類史的な課題だと思う。

▼いおきべ・まこと　兵庫県西宮市生まれ、71歳。専攻は日本政治外交史。神戸大教授を経て2006～12年に防衛大学校長。現在、ひょうご震災記念21世紀研究機構の理事長。

戦地派遣の徹底検証を

情報公開クリアリングハウス理事長　三木由希子さん

安全保障関連法案には、自衛隊の海外派遣など政府の判断が適切だったかを事後検証し、国民に公表する仕組みが抜け落ちている。

特定秘密保護法には、原則最長30年で秘密指定が解除されるルールがある。歴史的な検証はある程度可能だが、それとは別に、もっと短期間で政府の政策判断を検証できなければ、誤った判断を繰り返す。

例えば、今法案は、武力行使を認める国連決議なしに米国が始めたイラク戦争をいち早く支持した日本政府の判断は正しかったという前提で成り立っている。

米英やオランダは、一定の独立性を保った機関が大量破壊兵器が存在しなかった問題などについて自国の判断を検証し、分厚い報告書を全面公開している。

日本はどうか。民主党政権になって外務省が内部で検証作業をしたものの、A４判３ページの要旨を公表しただけ。私たちは、検証経過や報告書本文などの情報公開請求をしたが、報告書本文など肝心な部分はすべて不開示だった。開示を求めて２０１５年7月に提訴した。

国会審議で中谷元・防衛相は、集団的自衛権行使の国会承認を求める際の情報に特定秘密が含まれ、開示できない部分があり得ると答弁した。特定秘密は、与党の同意がなければ委員会などで開示を求めることができない仕組みだ。政府に不都合な情報が国会に示されるとは考えにくい。

国の安全保障には、すぐには公表できない情報が一定程度あることは理解できる。一方で外交・安保で重要な政策判断をした際は、（1）政府から独立した機関が、非公開の情報を含め、政策判断の是非を監視・検証、（2）その結果を公表、（3）国民が納得できなければ、さらなる検証や情報公開を求める――という流れが必要だ。

法案を支持する政治家や専門家には「国民には安保の現実が見えていない」「素人は口を出すな」との意識が見え隠れする。多くの国民を納得させられないまま、数の力で法案を押し通そうとしている。そんな政府が、したたかな欧米諸国と外交交渉ができるのか。実は、それが一番心配だ。

▼みき・ゆきこ　東京都生まれ、42歳。横浜市立大に入学後、入試成績の開示請求をきっかけに、1992年からNPO法人・情報公開クリアリングハウスの前身の市民団体に参加。

リスク負うのは誰の命

困窮する若者支援の社団法人理事長　坪井恵子さん

安全保障関連法案で、後方支援とはいえ自衛隊が戦地に行き、死者が出れば志願者は大幅に減ると思う。そうなれば、どんな人が自衛官になるのだろうか。

当然「日本を守りたいから」と目指す人もいるだろう。米国では兵士志願の若者には貧困層が少なくないと聞くが、日本でも、危険と引き換えに安定した仕事を求める若者の受け皿になるのではと不安だ。

私は、高校卒業程度認定試験（旧大検）のために学ぶ場や食事を無償提供する拠点「ごちハウス」を福岡市で運営している。10代を中心に12人がいるが、多くが中学卒で職業の選択肢が少ない。本人の努力不足ではなく、家庭の貧困や養育放棄が背景にある。そんな彼らにとって、学歴不問で収入が安定する自衛官という仕事は魅力的だ。

リスクの高い仕事で思い出すのは、東日本大震災後のことだ。福島原発事故による周辺地域の除染作業が「1日5万～6万円稼げるらしい」とのうわさが若者の間で駆け巡り、つい最近も「来月除染に行きます」と言う若者に出会った。

うわさの真偽ははっきりしないが、周囲に心配や忠告してくれる大人がおらず、自分を大切に思えない若者は、目の前のお金のために危険な仕事に対する抵抗感が低いように思う。

若者を危険な地域に送ることは、社会にとっても損失だ。無事に戻っても、イラク戦争の米軍帰還兵のように心的外傷後ストレス障害（ＰＴＳＤ）に苦しむことになれば、社会の担い手が減るだけでなく、補償を含め多額の財政負担を国民が背負うことになる。

２０１４年、ＮＨＫ番組で当時の自民党幹事長が「日本が攻撃を受けた場合、米国の若者が血を流す覚悟をしている。『日本は命を懸けません』で良いのか」と言っていたが、「懸けられるのは誰の命ですか？」と問いたい。安保法案を推し進める政府要人は、自分や自分の子が戦地へ行くことになっても、法案に賛成できるのだろうか。世論を無視して審議を打ち切り、採決するなんてとんでもない。一体、誰のための政治なのか。

▼つぼい・けいこ　島根県生まれ、54歳。２００９年から困窮する若者のための無料塾を始め、14年に「ごちハウス」を開設。それを運営する一般社団法人「ストリート・プロジェクト」理事長。保護司。

安倍首相、わしと議論を

漫画家　小林よしのりさん

参議院で安全保障関連法案の審議が続く。国民の反対の声に耳を貸さず、安倍晋三首相が今国会での成立を推し進めるのは、首相が2015年4月に米議会で「夏までに成立させる」と約束したことが背景にある。国民よりも、米国との約束を守ることが、この政権には重要なのだ。

安倍首相より、わしの方がタカ派だと自任する。そのわしがなぜ法案に反対するのか。法案の本質が米国に付き従う「従米法案」だからだ。

本当の保守は「国家主権」を重んじるが、今の日本にそれがあるかは危うい状況だ。外交にフリーハンドがないことをみれば、それが分かる。

武力行使こそしなかったが、日本はアフガニスタン戦争でもイラク戦争でも米国に付き従った。特にイラク戦争では「フセイン政権が大量破壊兵器を持っている」という米側の誤った情報をうのみにして、イラク攻撃を支持した。

しかも、安倍首相も政府も「イラク戦争は間違っていた」と認めていない。米英でさえ認めているのに。法案が成立すれば、米国のおかしな戦争に次々に付き従うことになりかねない。中国や北朝鮮が怖いからといって「米国の敵を殺せ」でいいのかと問いたい。

「法案が憲法違反」なことも反対の理由だ。わしは憲法9条を改め「自衛隊をきちんと軍隊として認めろ」という改憲派だが、解釈改憲で「立憲主義」を破壊することは絶対に認めない。この点は護憲派と一致する。立憲主義は、国民の側が権力を縛る唯一の武器だ。権力の暴走を許したら戦前と一緒。戦前は軍部が暴走したが、今は政治が暴走しようとしている。

今の自民党には全体主義の空気を感じる。15年6月に、わしがゲストとして呼ばれていた党内若手による勉強会が直前に中止になった。党幹部から中止要請があったようだと関係者から聞いた。衆院憲法審査会で与党推薦の憲法学者までが「違憲」と指摘し、自民党が大騒ぎになっていた時期だ。わしが法案を批判し、その二の舞いになることを恐れたと思う。

民主主義の基本は議論。それを避けたら民主主義は成り立たない。自民党は若手議員がテレビに出ることも止めたようだが、所属議員が説明できないような法案を成立させようなんて無責任だ。

国の行く末を大きく変える法案なのだから、国民が理解できるよう説明する責任があるはずだ。わしは安倍首相だろうと、自民党議員だろうと、いつでも徹底討論する覚悟がある。

▼こばやし・よしのり　福岡県生まれ、61歳。主な作品に「おぼっちゃまくん」「ゴーマニズム宣言」など。近著に、ゴーマニズム宣言スペシャル版『新戦争論1』。

安保は「安心供与」から

成蹊大教授　遠藤誠治さん

政府の安全保障関連法案の説明を聞いていると、まるで魔法のようだ。「集団的自衛権を行使しても専守防衛は変わらない」「戦場のすぐ近くで活動するが、自衛隊のリスクは高まらない」。しかし、効果は絶大で、すごく平和になると。本当だろうか。

東アジアでは相互不信が激しい。日本でも嫌韓・反中だ。互いにいがみ合っているが、国は引っ越しできない。欧州でドイツとフランスが時間をかけて信頼関係を深めてきたように、信頼づくりが重要だ。各国のトップ政治家は、大国の指導者としての責任を自覚し「相互理解と和解の仕組みをつくる」という強い意志を持つべきだ。

その際、専守防衛には大きな価値がある。他国攻撃の意思も能力も持たないという「安心供与」の宣言だからだ。その実績を基礎に信頼を築くことは十分可能だ。日本は他国を攻め、植民地化した歴史があり、不安がられる存在だった。日本が再び攻める力を持てば周辺諸国は不安になる。だからこそ「不安を与える存在にはならない」と誓ったのが平和憲法だった。

中国が日米同盟の攻撃力を批判するのなら「戦後70年間の実績も見よ」と反論できる。戦後日本は、いずれの国・文化・宗教も敵視せずにきた。政府がその姿勢を変えようとしても、国民がブレーキをかけた。そうして平和国家の国際ブランドを育ててきた。そんな価値あるブランドを捨てていいのか。

日本に大勢の中国人観光客が訪れている。水と空気が清潔で、食べ物がおいしく、治安もいい。「経済大国になっても、軍事大国にはならない」という道を選んだから、そんな社会を築けた。この点をもっとＰＲし、「日本に学ぼう」と思う中国人を増やしていくべきだ。

人類を脅かす感染症や自然災害、大気汚染などは簡単に国境を越える。相手が困れば自分のプラスになる時代ではない。互いにプラスとなるような協力を積み重ねていく。それを信頼構築の基礎に据えていくべきだろう。

▼えんどう・せいじ　滋賀県生まれ、52歳。専門は国際政治学。元日本平和学会会長。現在、成蹊大法学部長。シリーズ「日本の安全保障」（岩波書店）の共同編集代表。

大義なき戦争で死ねぬ

元2等陸曹　末延隆成さん

私は２０１５年1月に退官するまで33年間、陸上自衛官だった。同7月に札幌市で開かれた集会で、安全保障関連法案について壇上から反対を表明した。「自衛隊員の命は首相のおもちゃではない。これからも、この国で生きる人たちが平和で安心して暮らしていけるよう声を上げたい」と。

入隊は１９８０（昭和55）年。米ソがにらみ合う冷戦期で、国防にリアル感がある時代だった。自衛隊には「他国の侵略から国民を守る」大義がある。それが、この仕事を選んだ一番の理由です。米軍みたいに他国に攻めていく軍隊なら入隊しなかった。法案は、その一番大事な「専守防衛」を変えようとしている。

自衛官は入隊式の宣誓で「事に臨んでは危険を顧みず、身をもって責務の完遂に努め、国民の負託にこたえる」と誓う。その前段として「わが国の平和と独立を守る自衛隊の使命の自覚」と「憲法の順守」が自衛隊法施行規則に明記されている。

大半を北海道の戦車隊で過ごした。主に戦車への弾薬、燃料などの補給を担当した。法案が通れば戦争中の他国軍に対し、自衛隊が「後方支援」を常時できるようになる。後方支援という言葉にだまされてはいけない。戦争に前方も後方もない。後方支援とは、撃ち合いをする戦闘部隊の所まで行き、弾を補給することだ。実戦では敵に狙われやすくリスクが極めて高い。

戦車隊の教本には、補給を受ける戦車の乗員側の注意点として「状況の許す限り、自車の位置まで誘導前進させて補給する」とある。対テロ戦争ではいつ、どこで戦闘が起こるか予測するのは難しい。安倍晋三首相は「危険になれば活動を中止し安全を確保する」と説明するが、戦闘中に友軍を見捨て、自分だけ撤退することが本当にできると考えているのだろうか。

多くの自衛官には、非常時に国民を守る盾になる覚悟がある。同時に「大義のない戦争で死ぬのはごめん」と思っても、組織の中で声を上げられない。今が日本の分かれ道。未来に禍根を残してはならない。

▼すえのぶ・たかなり　北海道在住、53歳。1980年に陸上自衛隊に入隊。第5戦車大隊（北海道鹿追町）などに所属。父親は大分県出身。

遺書書かされる自衛官

弁護士　佐藤博文さん

私は弁護士として、自衛官の権利擁護に取り組んできた。イラク戦争後、国防軍化する自衛隊の矛盾が、いじめ自殺や公務災害、セクハラ、パワハラなど自衛隊員の人権侵害として噴き出している。

遺書作成も、その延長線上の問題だ。陸上自衛隊の北部方面区（総監部・札幌市）で「遺書を書かされた」という訴えが相次いでいる。自衛隊側は、（1）遺書ではなく家族への手紙、（2）強制はない――と説明しているが、組織の性格上、上官の指示は拒めない。ある隊員は5年前、妻に「楽しい人生をありがとう。体を養生して幸せに長生きして下さい」などと書いている。

なぜ遺書なのか。「遺書作成で、有事に臨む心構えを確立させる」と記述した自衛隊の内部文書を確認している。国家が隊員個人の心の中にまで入り込み、戦死の覚悟を持つようマインドコントロールする。組織に絶対服従させる仕組みの一つ、と私は考えている。おそらく北海道だけでないだろう。海外派兵の拡大に向け、自衛隊がそれを必要とする組織に変貌しているということだ。

隊員の負傷も増えている。都市ゲリラとの戦いを念頭に置いた、素手で戦う徒手格闘訓練中の事故だ。イラク開戦後、その訓練が激化した。殺すか、殺されるか。真剣に訓練するほど事故が増える。関係者の情報では、陸自の真駒内駐屯地（札幌市）で2006年に起きた事故は負傷者28人のうち骨折8人、靭帯（じんたい）と首関節の損傷が各5人。しかも大半が公務災害に認定されていない。認定すれば、訓練が中断になるからだろう。04～06年にイラクに派兵された陸自の任務は、非戦闘地域での人道支援だったのに、本当はそんな訓練が必要な任務だったことになる。

安倍晋三首相がよく口にする「積極的平和主義」とは何か。元祖の提唱者はノルウェーの平和学者ヨハン・ガルトゥング氏。単に戦争がない状態が平和ではなく、貧困や飢餓、暴力、差別など争いの元を除去しないと戦争は防げないという、被害が甚大だった第2次大戦を踏まえた主張だ。

安倍さんのそれは、軍事力を積極活用して平和をつくるという概念。安全保障法案で、自衛隊の活動範囲を地球規模に広げようとしている。それで本当に日本や世界は平和になるのか。言葉は同じでも、両者の意味するところは真逆だ。言葉の意味を見極めないと、蜃気楼（しんきろう）のような世界を見せられることになる。

▼さとう・ひろふみ　北海道生まれ、61歳。1988年から弁護士。全国で提訴された「自衛隊イラク派兵差し止め訴訟」の全国弁護団連絡会議事務局長を務める。

一番まずいのは無関心

西南学院大3年　後藤宏基さん

安全保障関連法案が衆院を通過した2015年7月16日に、法案に反対する福岡県内の学生グループを友人たちと結成し、デモを続けている。

ボランティア活動をし、ゼミで社会問題を学ぶ中、特定秘密保護法や憲法改正の動きに不安を感じ始めた。とはいえ、少し前までデモなんてかっこ悪いと考えていた。首都圏の学生グループ「SEALDs（シールズ）」の活動も「国会がある東京だから熱くなれるんだ」と思っていた。

でも、大学の教員たちが開いた反対集会に参加して「僕らが考えないといけない問題なのに、大人たちが戦ってくれている」と感じ、デモをやろうと決めた。

会員制交流サイト（SNS）で見ず知らずの人たちとつながり、同7月下旬に福岡市でした最初のデモは約300人、8月下旬は約360人が集まってくれた。

8月末は国会前でマイクを握った。「そんなに政府が戦争の危機や周辺国との関係悪化をあおるなら、アジアの玄関口に住む僕が韓国人や中国人と話して遊んで酒を酌み交わし、もっともっと仲良くなってやります。僕自身が抑止力になってやります。個々の絆が抑止力ということを証明してみせます」と叫んだ。

国会がある東京と九州では政治のリアル感が違い、温度差がある。法案にあるのは賛成か反対か無関心。一番まずいのは無関心だ。よく分からないという人はもっと知ってほしい。就職への影響を気にしてデモ参加をためらう友人もいるが、デモを踏み絵にする企業には僕は入りたくない。

参院でも強行採決が近づいている。「憲法の番人」の最高裁の元長官まで違憲と批判するものが法律になっていいはずがない。9月13日に九州一斉デモをする。

アルバイトや趣味の時間も削られるし、活動はしんどいけど、やめるつもりはない。２０１６年は参院選という意思表示のチャンスがある。かつての安保闘争と違うのはＳＮＳの存在。ボタン一つで自分や他人の意見を共有でき、全国の人々と連絡を取り合える。日本中に広がっているこの運動を甘く見ない方がいいと思う。

▼ごとう・ひろき　福岡県生まれ、22歳。安保法案に反対する学生グループ「Ｆｕｋｕｏｋａ　Ｙｏｕｔｈ　Ｍｏｖｅｍｅｎｔ（福岡ユースムーブメント）」のメンバー。大学では法学部で政治学を専攻。

物言わぬ党内に危機感

法案反対の自民・広島県議　小林秀矩さん

首相官邸と参院議長に2015年9月1日、安全保障関連法案に関する緊急要望書を届けた。安倍晋三首相には「法案の撤回」を、参院議長には「慎重かつ真摯(しんし)な国会審議」を求めた。県議を務める私の地元の広島県庄原市民1万3000人の署名を添えた。「慎重で真摯な国会審議」は、今年の長崎原爆の日に長崎市長が読み上げた平和宣言文から引用させていただいた。

署名は、法案の衆院通過後の同7月末に各種団体や庄原市議19人と「市民の会」を結成して集めた。「自民党県議がなぜそこまで」とよく質問される。私は20年以上の自民党員だが、異論が出ない党の現状に強い危機感がある。入党したのは「地域と暮らしを自らで守る」という保守のスタンスに引かれたからだ。多様な意見をぶつけ合っても、最後は落ち着く所に落ち着く。昔の自民党にはそんな懐の深さがあった。

今は、国の根幹を一変させる政策変更にも党内から声が上がらない。トップが右と言えば皆が押し黙ったまま同じ方向だ。カネも人事も選挙の公認権も執行部が一手に握るようになった小選挙区制度の弊害だ。安倍1強で野党も批判の受け皿になれていない。

14年7月の閣議決定で、「憲法が禁じる」としてきた集団的自衛権行使を認めた。国の最高法規である憲法を簡単に変えては、法律の安定性も国民の規範意識も壊れてしまう。安倍首相は「日本が戦争に巻き込まれることはない」と言うが疑問だ。過激派組織「イスラム国」が生まれたのも、米国によるイラク戦争で中東が不安定化したことと無縁ではない。米国と一緒に戦争をすることは、アラブ社会を敵に回すことだ。中東で活動する日本の非政府組織（ＮＧＯ）や企業を危険にさらすことになる。

15年9月7日の地元紙に、こんな記事が載った。自民党幹部が講演で「安保法案は十分に理解が得られていなくても決めないといけない」と法案採決の方針を強調したという。国民の声に耳を傾ける姿勢が足らなすぎる。

戦後日本は、自治体も民間も非軍事の国際貢献を積み上げてきた。広島でも、県が国連機関を誘致してアフガニスタンの青年向けの研修制度を設けたり、ＮＰＯ法人がカンボジアの孤児などを支援する活動を続けたりしてきた。イソップ物語でも、最後に旅人にマントを脱がせるのは北風ではなく、太陽ですよ。

▼こばやし・ひでのり　広島県出身、63歳。福岡大を卒業後、会社勤めを経て広島県議4期目。「しょうばら国際交流協会」の初代会長を務めた。現在「ストップ・ザ・安保法制　庄原市民の会」会長。

国民の理解が士気の源

自衛隊後援会長　佐々木吉夫さん

軍事的脅威を感じさせる国が日本周辺にある以上、日本の防衛力を高めるための安全保障関連法案には賛成だ。ただ、法案審議は十分とは言えない。テレビの国会中継を見て審議の行方を追ってきたが、与党も野党も自衛隊員のことを考えた議論をしていない。特に、「自衛隊が活動する地域は安全だ」という政府答弁には憤りを感じる。

私は、北部九州4県の防衛警備を担う陸上自衛隊第4師団と、九州全域と中国、四国の一部の防空に当たる航空自衛隊西部航空方面隊の後援会長として、現場の隊員たちに会い、生の声を聞いてきた。

南スーダンで2012年に始まった国連平和維持活動（PKO）に参加した隊員は「宿営地では毎日砲弾の音が鳴り響き、夜も眠れなかった」と話した。政府は、自衛隊が活動するのは「安全な場所」と説明するが、実態は全然違う。

安保法案では、自衛隊による他国軍の後方支援の活動場所が「非戦闘地域」から「現に戦闘が行われていない現場」に変わる。隊員のリスクが高まることを政府は認めようとしない。命がけの隊員たちのことを国がどれほど考えているのか。彼らにどう報いるのか。政府の覚悟が見えない。

私は国境の島・礼文島（北海道）で生まれ育った。（終戦直前に対日参戦した）ソ連軍に追われて北方から引き揚げた人々の船がいくつも座礁し、遺体が漂着するのを見て、戦争の悲惨さを胸に刻んだ。平和を守るために、自衛隊の存在は不可欠だ。市民一人一人が国際情勢や国防に関心を持ち、議論が広がることを願っている。

自民党の高村正彦副総裁が15年9月、安保法案は国民の理解が得られなくても今国会中に成立させる方針を示したが、とんでもないことだ。自衛隊の活動に国民の理解と支持があるかどうかが、隊員たちの士気を大きく左右する。多くの国民の理解を得た法律にすべきだ。与党の国会議員が街に出て、法案について市民に説明して理解を求めるべきで、数の力で押し切るようなことをしてはいけない。

▼ささき・よしお　北海道出身、81歳。「辛子めんたい福さ屋」会長。陸自第4師団後援会「拳振会」と、空自西部航空方面隊後援会「西翔会」を2006年に設立し、共に会長を務める。

国際法に違反の恐れも

軍事問題研究会代表　桜井宏之さん

安全保障関連法案に反対だ。憲法だけでなく、国際法に違反する部分が数多く存在するからだ。

代表例が、自衛隊法95条の2に新設される「外国軍隊の武器等防護」だ。平時から自衛隊が武器を使って米軍の艦船などを守ることが可能になる。

この条項を基に自衛隊が武器を使えば、相手は当然反撃する。そうなれば、自衛隊は、次は個別的自衛権を根拠に武力行使できる。地理的制約はなく、国会承認も不要のため、自衛隊は集団的自衛権を行使せずとも、世界中で米軍と共に戦えるようになる。

問題は、この条項は「警察権の行使」という位置づけであること。国際法上、軍隊には他国の主権（警察権）が及ばないため、他国の軍艦に対する警察権の行使は国際法違反の恐れがある。このことは、安倍晋三首相が設置した「安全保障の法的基盤の再構築に関する懇談会」も、２０１４年5月の報告書で指摘している。

法案は週内にも参院で可決、成立の見通しという。日米による南シナ海での対中共同監視活動も議論になったが、実現すれば中国は対抗してくるだろう。

その中で起こり得る最悪のシナリオは、13年1月に発生した中国海軍の艦船による自衛隊艦船への射撃管制用レーダー照射事件の再発だ。前回は自衛艦が冷静に対応してくれたおかげで大事には至らなかったが、共同でパトロールする米艦に照射されれば、近傍の自衛艦は、米艦を守るため、武器等防護で武器使用をせざるを得ない。米艦を守ることで日中武力紛争に発展する恐れがある。

今回の法案に、国会が政府の情報操作を見抜くための制度的担保がないことも非常に大きな問題だ。米ブッシュ政権が03年にイラク戦争に突入する際に、故意か過失か、「イラクが大量破壊兵器を保有している」という情報操作を結果として行ったことは周知の事実。早々にあの戦争を支持した日本政府の判断が正しかったかどうかの検証も不十分なままだ。今後、同じようなことが繰り返されない保証はない。

▼さくらい・ひろゆき　東京都出身、52歳。業界紙記者や参院議員秘書を経て民間団体「軍事問題研究会」を主宰。情報公開制度を使い、軍事・安全保障問題を追ってきた。

採決は国民主権の否定

九条の会福岡県連絡会　村井正昭さん

安全保障関連法案をめぐり、全国各地でデモや世代を超えた反対が広がっている。背景には、戦後日本の平和主義が失われるという強い危機感がある。「国民の理解が進んでいない」とよく言われるが、それは違う。理解が進んだからこそ、反対が増えたのだ。

私たちが主催する集会や学習会でも、廃案を求める共感の輪が広がっている。振り返ると、衆院憲法審査会で3人の憲法学者がそろって「法案は違憲」と断じたことで流れが変わった。だが安倍晋三首相には「国民の声は関係ない。最高責任者の私が決める」という姿勢が見える。圧倒的な国民の声を無視した法案採決が許されるのか。国民主権を定める憲法を冒瀆し、国民を愚弄する行為と言わざるを得ない。

政府の国会答弁は、はぐらかしや逃げが目立った。集団的自衛権行使の具体例として、安倍さんは「他国領域への自衛隊の派兵は憲法上できない。唯一の例外が、中東ホルムズ海峡での機雷掃海だ」と説明する。しかし、これだけの世論の反対を押し切ってまで本当にやりたい活動は、それではないだろう。同盟国・米国と軍事的リスクを共有し、肩を並べて戦う。それによって世界の大国としてのプライドを保ちたい。彼が言う「日本を取り戻す」とは、そういうことを指すのではないのか。

中国の軍拡や、北朝鮮の核・ミサイル開発は確かに脅威だ。だが今回の法案でこの脅威は防げない。北朝鮮から数百発の弾道ミサイルを同時に発射されたら、日米の弾道ミサイル防衛網は突破されてしまう。沖縄県・尖閣諸島で日中間で衝突が起きた際、中国と経済的関係を強める米国が本当に助けてくれるのか。

安全保障のジレンマという言葉がある。軍拡は軍拡を呼ぶ。中国と軍拡競争をしても勝ち目はない。ならばどうするか。2国間、多国間の外交的な取り組みで、相互に国際ルールの枠組みで解決すべきである。理想論ではない。これこそが現実的な道だと考える。

このまま法案が成立しても、諦めてはいけない。そこからが勝負だ。これだけ明確に「違憲だ」と批判されている安保法制を政権が実際に使うことは容易ではないだろう。国民が関心を持ち続けることと、それを行動で示し続けること。それこそが、安倍さんや与党に対するブレーキになる。2016年夏には参院選もある。

▼むらい・まさあき　長崎県出身、62歳。1977年に福岡県弁護士会に弁護士登録。現在、九州大法科大学院教授、「九条の会福岡県連絡会」事務局長を務める。

かすむ平和国家ニッポン

イラク支援ボランティア　高遠菜穂子さんに聞く

安全保障関連法案の審議が参議院で進む。自衛隊の海外派遣の拡大を進める日本を、アラブ社会はどう見ているのか。日本政府が支持したイラク戦争後も混乱が続くイラクに、私たちは無関心でいいのか。開戦翌年の２００４年にイラクで起きた人質事件で武装勢力に一時拘束され、解放後も人道支援のため現地に通う高遠菜穂子さん（45）に聞いた。

泥沼のイラクは日本にも責任

――安保法案には、世代を超えて反対の声が高まっている。どう考えるか。

「反対です。日本の安全にも、世界の平和にも役立たないと思うから。私は、陸上自衛隊の駐屯地と航空自衛隊の基地がある北海道千歳市で生まれ育った。小学生の頃、級友の父親の多くが自衛官でした。自衛隊を違憲という人もいるが、自衛隊を否定するなんて私にはありえない。でも、日本が米軍と連携を深めて、また中東に自衛隊を派遣すれば、米国とアラブ社会の『憎しみの連鎖』に日本も巻き込まれることになる。今まで通り、専守防衛の自衛隊でいいと思う」

イラン
シリア
バグダッド
イラク
ファルージャ
ペルシャ湾
サマワ
ヨルダン
サウジアラビア
クウェート

――事件後もイラク支援を続けている。なぜか。

「イラクには、もともと親日家が多い。日本人は礼儀正しく、原爆を落とさ

●高遠菜穂子さんをめぐる年表

2003年	3月	米英軍が、フセイン政権による大量破壊兵器の保有などを根拠にイラク攻撃を開始。小泉純一郎首相が「支持する」と表明
03年	5月	ブッシュ米大統領が大規模戦闘の終結を宣言。高遠菜穂子さんが初めてイラクへ
04年	1月	イラク復興支援特措法に基づき陸上自衛隊が06年7月まで、南部サマワでインフラ復旧などを担う。航空自衛隊は03年12月~09年2月、物資輸送などを続けた
04年	4月	高遠さんらが拘束される日本人人質事件が発生。9日目に3人が解放される
06年		大量破壊兵器は見つからず、イスラム武装勢力のテロや宗派間抗争でイラクは内戦状態に
11年	12月	オバマ米大統領が戦争終結を宣言

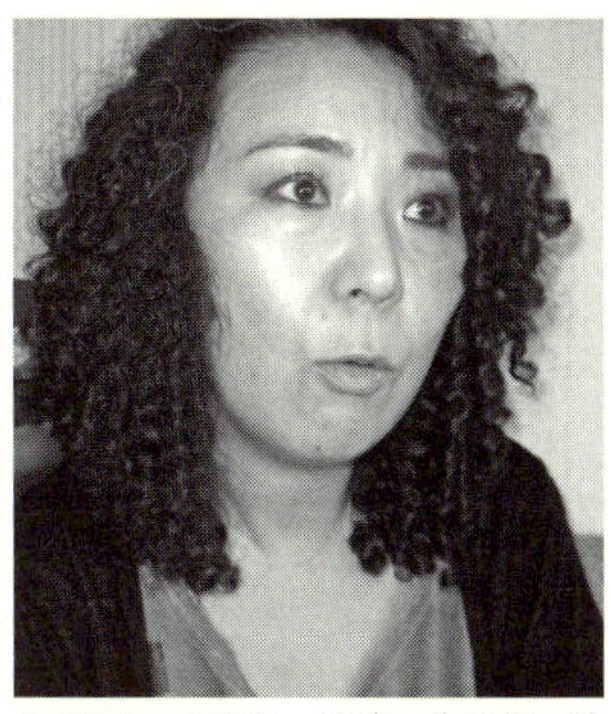

たかとお・なほこ　45歳。会社員、飲食店経営を経て海外でボランティア活動を始める。現在、「イラク戦争の検証を求めるネットワーク」の呼び掛け人。著書に『戦争と平和――それでもイラク人を嫌いになれない』など

高遠 菜穂子さんが新しい写真16枚を追加しました

✓フォロー中

7月19日 21:33 · 編集済み ·

先日の強行採決の様子を海外のニュースはどう報じたか、とりあえず、いくつかの画面をどうぞ。アルジャジーラ(中東カタール)、CCTV(中国)、プレスTV(イラン)、CNN(アメリカ)。他にもあったけど、写真撮れたのはこんな感じ。「第２次大戦以降、初めて海外で戦闘できるようになる」と出てました。英語でそれを読むと、私としては「またリスク上がったな」と実感。中国は同時にオスプレイ購入予定であることも報じました。イランは「アメリカの圧力」という分析を出しました。アメリカはデモの様子と中国の反応も出しました。これは英語チャンネルばかりですけど、とりあえず雰囲気だけお伝えします。

高遠さんがフェイスブックに投稿した、安全保障関連法案に関する海外ニュースの画面

れて痛手を負ったのに、奇跡の復興を遂げた。これ以上、尊敬できる国はないと、彼らは言ってくれる」

「米英軍が03年に始めたイラク攻撃を、当時の小泉純一郎首相は支持した。自衛隊の輸送機を派遣し、武装米兵を運んだりした。イラクは今、崩壊寸前だ。イスラム国などの過激派組織が入り込み、宗派対立も激しさを増す。住民は政府も警察も頼れない。なのに日本人はイラクを忘れた。泥沼の責任は日本にだってある。私がイラクに通うのは、それが日本人としての責任だと思うからです」

日本のイメージ、海外では違う

――法案が成立し、自衛隊が米軍支援で中東に派遣されれば、中東で活動する日本の非政府組織（NGO）も危険になると、よく指摘されている。

「それは、これから始まるリスクではない。イラク開戦後の04年に、自衛隊を派遣した時からリスクは始まった。その時点までは、イラク人の大半は『平和国家の日本には軍隊がない』と思い込んでいた。当時、小泉首相も中東の衛星テレビ、アルジャジーラで『人道復興支援』をひたすら強調した。それもあって現地で誤解が広がった。来るのは、トヨタ、ニッサン、ソニーなんだと。しかし、イラク南部サマワに来たのは武装した陸自だった。それを映像で見たイラク人は衝撃を受けた」

――今も1年の半分をイラクや隣国ヨルダンなどで過ごしている。歴史的な岐路に立つ日本は、現地でどう報道されているか。

「この1、2年、日本のニュースが増えた。それも武器輸出三原則の撤廃や、尖閣諸島をめぐる中国との対立など軍事的なものが目立つ。その際、自衛隊の資料映像が一緒に流される。今回の安保法案の強行採決も大きく報道された。アルジャジーラやイラン系のプレステレビのほか、英BBCや米CNNなどの画面を撮影して私のフェイスブックに貼り付けていますから、ぜひ見てほしい」

――日本が集団的自衛権を行使できるようになることも報じられたか。

「集団的自衛権とか、後方支援とか、そんなことではない。注目すべきは『日本が第2次大戦後、海外で初めて戦闘できる法案』と紹介されている点だ。日本政府がいくら取り繕っても、海外メディアは本質をストレートに伝えている。日本はもう海外で平和国家とは見られていない。日本人が思う日本の姿と、外国人に見えるそれとの間に、ギャップが生じ、どんどん広がっている。この12年、日本と中東で半分ずつ暮らして、気づいた。強い危機感を持っている」

顔が見える人道支援こそ必要

――軍事的な国際社会への貢献より、これまで通り、日本は非軍事分野での人道支援の道を守るべきだという意見が少なくない。

「守っていくだけでは、足りない。なぜなら、これまで話したように、軍事的なイメージが、広がりすぎたと思うから。イラクに関しては政府開発援助(ODA)の使われ方も問題がある。例えば日本の巨額資金が投じられたファルージャの母子病院の改築の話だ。手術室のドアは、ストレッチャーを押すから観音開きでないと駄目なのに、そうじゃない。オペ室の空調は壁側にあるものだが、オペ台の真上に作っていた。衛生的にありえない話で、応援に来ていた日本人医師も『普通、病院は専門の人が設計するが、そうじゃないみたいですね』と驚いていた。最近の話だ」

――どう決着したか。

「知人のイラク人の病院関係者から『やり直さないといけないから、追加資金を大使館にお願いしてほしい』と頼まれた。結局、日本側からは拒まれ、彼らは独自予算を捻出して、やった。日本はお金は出すが、後は現地任せ。顔が見える支援をどうやるか、大きな課題だと思う」

◇　◇

人質事件11年　私は憲法9条に守られた

高遠さんら3人がイラクで武装勢力に一時拘束された日本人人質事件から11年。当時、彼女は世間の一部から「自己責任論」を理由に激しいバッシングを受け、心に重い傷を負った。取材では、事件や事件後の葛藤も語ってくれた。

〈2004年4月7日、3人はヨルダンからイラクの首都バグダッドに車で向かう途中、中部ファルージャ近郊のガソリンスタンドで拉致された。武装勢力は、南部サマワに派遣されていた陸上自衛隊の3日以内の撤退を求め、「従わなければ3人を殺す」と脅迫。日本政府は拒否した。3人は9日目に解放されたが、待っていたのは、心ないバッシングだった〉

「帰国後、心身ともに不調に陥りました。実家に戻り、脅迫の手紙を見た。黒い縁取りがあって『天誅（てんちゅう）』とか書いていた。私が死んでいれば、家族がこんな思いをすることもなかった。母親の前でそう話したら『イラク人に会ってこい。やめたら私が承知しないよ』と平手打ちをされた。それで目が覚めた」

「事件から半年で活動を再開したが、5年ほどは、イラクの犠牲者たちの代弁に徹した。転機は、09年4月に5年ぶりにファルージャに戻れた時。『自分は彼らを置き去りにしたんだ』という負い目があったから。再訪で、自分を取り戻せた気がした」

〈イラク初訪問は、当時のブッシュ米大統領が大規模戦闘終結宣言を出した03年5月。以来、路上生活の子どもの自立支援、医薬品を現地に届けたり、イラクの病院と外国の医師をつないだりするなどの活動を続けてきた。これまで全国で計千回を超える報告会を開催、カンパを呼び掛けている。08年の鹿児島市の講演では『武器を持たない活動で地元住民に理解されたことが、解放にも影響した。私は憲法9条に守られたと思っている』と述べた〉

「武装勢力が人質を取る強硬手段に出た背景には、追い詰められた現地の人々の米軍への憎悪と、米国を安易に後押しする国際世論への反発と怒りがあった。拘束時、武装勢力の1人にこんな話をした。『私は丸腰だ。君たちを殺すためにイラクに来たんじゃない。君が私を殺しても、私は殺さない。君がやっていることは、君が卑劣だと批判する米軍と同じだ。米軍にイラク攻撃の口実を与えるだけなんだ』と。私は当時、9条を読んでいなかったが、必死の思いだった。で、どうなったと思いますか。その男は銃を床に置き、膝を抱えた。そして『あなたと友達になれるだろうか』と言ったんですよ」

おわりに

「戦後70年の年間企画は、安保でやってくれ」。新聞社の編集局幹部から、そう指示を受けたのは2014年8月だった。その1カ月ほど前、安倍晋三政権は集団的自衛権の行使を限定容認する閣議決定を行っていた。

それだけではない。戦後、政府が一貫して堅持してきた憲法解釈を180度ひっくり返すものだった。武器輸出三原則の見直し、特定秘密保護法の制定、他国軍への支援を対象外にしてきた政府開発援助（ODA）のあり方を見直す開発協力大綱の閣議決定……。安倍氏は12年12月に首相に返り咲いてから、戦後日本の安保・外交政策の大原則を次々に塗り替えていた。戦争の記憶が遠のく中で、憲法の平和主義が揺らぐことへの、危うさと不安をぬぐえなかった。

取材班はすぐに編成された。だが、安全保障や軍事に関しては素人ばかり。事件や事故、地方政治や選挙、そうしたテーマの現場を踏むことは多いが、「安保」の取材経験は豊富とは言い難い。テーマの大きさに、当初は正直、立ちすくむ思いだった。

報道機関の役割とは何か――。記者になったばかりの30年近く前、ある先輩がこんな話をしてくれたことを、思い出した。「記者の仕事はいろいろある。そのいろいろをそぎ落としていくと、最後に残るのが、戦争を防ぐこと。今度、その局面が来たとき、俺たちの世代が、社会に対して警鐘を打ち鳴らさないといけない」と。戦前、軍部の暴走を止められなかったばかりか、新聞が逆に国民の戦意をあおった歴史への自戒を込めた言葉だった。

九州のブロック紙である西日本新聞記者の主な取材エリアは九州である。東京支社勤務になれば、首相官邸や防衛省などが取材対象になるものの、あくまで主戦場は九州だ。だが「安保」を追う記者が、そんな日常にとどまることを許されるはずもない。取材班メンバーは、関連書籍を読み込み、国防の現場や基地周辺などを訪ね歩き、住民や自衛隊員、専門家などに取材を重ねた。本書にあるように取材は国内にとどまらず、海外にも及んだ。

安全保障や外交は「国の専管事項」とよく言われる。だが、それは、その道の専門家に任せておれば安心という話ではない。補給を無視して戦線を拡大し自壊した旧日本軍、アジアの小国が軍事大国アメリカを破ったベトナム戦争……。専門家がいかに頼りにならないかは歴史が示す通りだ。

確かに福祉や教育、街づくりなどと異なり、日常生活で安全保障について意識することは少ない。今回のシリーズに取り組むまで、取材班の記者たちもそうだったが、私たちの「無関心」こそが、集団的自衛権の限定容認や、専守防衛という国是の歴史的な大転換をたやすく許すことにつながったと言えないだろうか。

安全保障は、国民の生命や暮らし、経済活動を守る基盤である。15年9月に国会で成立した安全保障関連法によって、本当に抑止力が高まり、日本が一層安全になるのか、アメリカの戦争や報復テロに巻き込まれる恐れは高まらないのか、そもそも違憲立法ではないのか――。

法律はできたが、諦めるのは早い。この法律を使うも、使わないも、鍵を握るのは国民の声だからだ。政府の暴走にストップをかけることができるのは民意だけだ。その意味で、国会審議の終盤で大学生をはじめとする若い世代が声を上げ始めたことは心強い。

軍事力を急速に増強する中国、核・ミサイル開発を進める北朝鮮、イスラム過激派の台頭など、私たちが生きる世界に、軍事的脅威が存在することは否定できない。その脅威にどう向き合うか。最善の道は何か。いたずらに脅威をあおったり、思考停止になったりするのではなく、主権者として粘り強く考え、声を上げていく「持続力」こそが求められている。それを後押しする報道を、引き続き心がけたいと思う。

◇　◇

一連のシリーズは編集局長の遠矢浩司、編集局総務の傍示文昭、編集企画委員長の山浦修、社会部長の友安潔のもとでスタート。取材班は坂本信博、中原興平、山崎健、西山忠宏、安部鉄也、大庭麻依子で構成した。写真部の佐藤桂一、軸丸雅訓、中村太一、デザイン部の大串誠寿なども携わった。また、法案作成の与党協議や長期に及ぶ国会審議の動きや問題点は、東京政治取材班キャップの宮崎昌治をはじめとする東京支社の同人が、少人数を感じさせない頑張りで読者に分かりやすく伝えたが、紙幅の関係で掲載できなかった。

出版できたのは、私たちの取材に応じてくれた多くの関係者のご協力と、明石書店の神野斉編集部長と源良典氏、フリージャーナリストの永井浩氏のご助言のおかげです。心から感謝致します。

２０１５年12月

西日本新聞「戦後70年　安全保障を考える」取材班デスク　中島邦之

[編者紹介]

西日本新聞安保取材班

西日本新聞は、九州7県と東京、大阪に取材網を持つブロック紙。海外にもワシントン、北京、ソウル、バンコクなどに支局を置く。年間企画「戦後70年　安全保障を考える」を2014年10月～15年9月に連載した。取材班は、本社社会部、編集企画委員会、東京支社、北九州本社、ワシントン支局の記者たちで編成。写真部、デザイン部のほか、パリ支局（当時）、米海軍佐世保基地や海上自衛隊佐世保基地を抱える佐世保支局、新型輸送機オスプレイの配備計画を取材する佐賀総局の記者も携わった。一連の連載は、15年12月、第21回平和・協同ジャーナリスト基金賞の奨励賞を受賞した。

安保法制の正体――「この道」で日本は平和になるのか

2016年2月25日　初版第1刷発行

編　者　西日本新聞安保取材班
発行者　石井昭男
発行所　株式会社　明石書店
〒101-0021 東京都千代田区外神田6-9-5
電　話　03（5818）1171
FAX　03（5818）1174
振　替　00100-7-24505
http://www.akashi.co.jp

組版　朝日メディアインターナショナル株式会社
装丁　清水肇（プリグラフィックス）
印刷／製本　モリモト印刷株式会社

（定価はカバーに表示してあります）　ISBN978-4-7503-4307-5